Python程序设计
基础及应用

高丽　张校磊　吴梅梅　主编

武书琴　丁俊　赵德宝　白渊铭　副主编

清华大学出版社

北京

内 容 简 介

本书面向零基础编程学习者,从初学者角度出发,通过通俗易懂的语言、流行有趣的实例,详细地介绍使用 IDLE 及 Python 框架进行程序设计的知识和技术。全书共分 9 章,内容包括 Python 入门基础、Python 语言基础、Python 内置的数据结构、程序流程控制、函数、类和对象、文件与目录操作、模块与包、数据可视化等。书中所有知识都结合具体实例进行讲解,涉及的程序代码给出详细的注释,可以使读者轻松领会 Python 程序开发的精髓,快速提高程序开发技能。

本书附有配套视频、教学 PPT、课后测试题、项目源代码等资源,课后测试题也给出了相应的答案,读者可以扫描二维码观看视频讲解,解决学习疑难,轻松跨入编程领域。

本书可作为高职高专学生 Python 程序设计相关课程的教材,也可供从事相关工作的工程师和爱好者阅读使用。

图书在版编目(CIP)数据

Python 程序设计基础及应用/高丽,张校磊,吴梅梅主编.—北京:清华大学出版社,2023.8
ISBN 978-7-302-64150-6

Ⅰ.①P⋯ Ⅱ.①高⋯ ②张⋯ ③吴⋯ Ⅲ.①软件工具-程序设计-高等学校-教材
Ⅳ.①TP311.561

中国国家版本馆 CIP 数据核字(2023)第 131905 号

责任编辑:孟毅新
封面设计:傅瑞学
责任校对:袁 芳
责任印制:宋 林

出版发行:清华大学出版社
      网　　　址:http://www.tup.com.cn,http://www.wqbook.com
      地　　　址:北京清华大学学研大厦 A 座　　　　邮　　编:100084
      社 总 机:010-83470000　　　　　　　　　　邮　　购:010-62786544
      投稿与读者服务:010-62776969,c-service@tup.tsinghua.edu.cn
      质量反馈:010-62772015,zhiliang@tup.tsinghua.edu.cn
      课件下载:http://www.tup.com.cn,010-83470410
印 装 者:三河市龙大印装有限公司
经　　销:全国新华书店
开　　本:185mm×260mm　　　　印　张:17.5　　　　字　数:399 千字
版　　次:2023 年 9 月第 1 版　　　　　　　　印　次:2023 年 9 月第 1 次印刷
定　　价:59.00 元

产品编号:096034-01

前　言

Python 语言是当今较受欢迎的编程语言之一。30 多年来，Python 一直以接近自然语言的风格诠释着程序设计。Python 语言应用领域广泛，涵盖了系统编程、图形处理、数学处理、文本处理、数据库编程、网络编程、Web 编程、多媒体应用、pymo 引擎、黑客编程等，具有易于学习、使用、移植和资源丰富等优点，对于新手和初学者，非常容易上手，非常适合作为编程初学者的入门语言。

使用 Python 语言讲授程序设计课程可以避免静态类型语言所带来的额外复杂性，使读者专注于掌握更重要的程序设计思想和方法。在计算机科学相关专业的教学中，以 Python 语言作为入门编程语言已成为近年来国内外高校的普遍趋势；在非计算机专业领域，Python 语言也成为学习需求增长较快的编程语言之一。可以说，Python 语言开启了一个"编程大众化"的新时代。

在当前教育体系下，实例教学是计算机语言教学的有效方法。党的二十大报告指出"教育、科技、人才是全面建设社会主义现代化国家的基础性、战略性支撑"，为我国科技创新和人工智能技术应用的发展提出了新的要求和目标。本书紧扣国家战略和党的二十大精神，将 Python 语言基础知识和实例有机结合起来，对章节结构进行了精心编排，从而确保知识体系构建的完整性、实用性，能够充分体现 Python 语言的特有风格与专属功能，引导读者少走弯路。全书通过"案例贯穿"的形式，将知识讲解融入实例中。使知识与案例相辅相成，既有利于读者学习理论知识，又有利于指导读者进行动手实践。另外，本书在每一章的后面提供了习题，方便读者及时验证自己的学习效果。本书还配有视频讲解，读者可以通过视频快速、轻松、直观地学习，便于读者全面掌握 Python 语言的关键理念，并能在实践中加以灵活运用。与此同时，本书将思政教育融入课堂，使学生在接受知识教育和应用能力培养的同时，进一步树立正确的价值观和团队协作精神，从而为推动高质量发展做出新的贡献。

本书可作为高等职业教育 Python 程序设计相关课程的教材，也可供从事相关工作的工程师和爱好者阅读使用。

本书由高丽、张校磊、吴梅梅任主编，武书琴、丁俊、赵德宝、白渊铭任副主编。在编写的过程中，参考了近 5 年出版的 Python 程序设计相关专著、教材以及互联网上的相关资料，在此表示感谢！

　　Python 及其应用发展迅速，编写过程中我们力求精益求精，但由于编者水平有限，书中难免有不足之处，敬请各位专家和读者批评、指正。

编　者

2023 年 4 月

目　录

第 1 章

Python 入门基础

学习目标

(1) 初步认识 Python,并了解 Python 的发展历史和优势。

(2) 掌握 Python 在 Windows 平台的安装及环境的配置。

(3) 掌握 Python 常用的开发工具。

(4) 了解 Python 集成开发环境 PyCharm 的安装。

(5) 利用 PyCharm 环境运行第一个 Python 程序。

1.1 初步了解 Python 语言

Python 是一个高层次的结合了解释性、编译性、互动性和面向对象的脚本语言。Python 的设计具有很强的可读性,它具有比其他语言更有特色的语法结构。

Python 是解释型语言,这意味着开发过程中没有了编译这个环节,类似于早期的 BASIC 语言。

Python 是交互式语言,这意味着用户可以在一个 Python 提示符后直接编写程序。

Python 是面向对象的语言,这意味着 Python 支持面向对象的风格或代码封装在对象的编程技术。

此外,Python 支持广泛的应用程序开发,从简单的文字处理到 Web 浏览器开发再到游戏开发。

1.1.1 了解 Python 语言的发展历史

Python 是一种面向对象的解释型计算机程序设计语言,由荷兰人吉多·范·罗苏姆 (Guido van Rossum)发明。作为 ABC 语言的一种继承,他将该语言取名为 Python(蟒蛇),标志如图 1.1 所示。名称源自英国电视喜剧片《蒙提·派森的飞行马戏团》(*Monty Python's Flying Circus*)。他希望这个新的叫作 Python 的语言,能符合他的理想:一种 C 和 Shell 之间、功能全面、易学易用、可拓展的语言。

1991 年,第一个 Python 解释器诞生。它是用 C 语言实现的,并能够调用 C 语言的库文件。从一诞生,Python 已经具有了类、函数、异常处理、包含表和词典在内的核心数据

图 1.1　Python 语言的标志

类型以及以模块为基础的拓展系统。吉多在 Python 中避免了 ABC 不够开放的劣势,加强了 Python 和其他语言如 C、C++ 和 Java 的结合性。此外,Python 还实现了许多 ABC 中未曾实现的功能,这些因素大大提高了 Python 的流行程度。

2008 年 12 月,Python 发布了 3.0 版本(也常常被称为 Python 3000,或简称 Py3k)。Python 3.0 是一次重大的升级,为了避免引入历史包袱,Python 3.0 没有考虑与 Python 2.x 的兼容。这样导致很长时间以来,Python 2.x 的用户不愿意升级到 Python 3.0,这种割裂一度影响了 Python 的应用。毕竟大势不可抵挡,开发者逐渐发现 Python 3.x 更简洁、更方便。现在,绝大部分开发者已经从 Python 2.x 转移到 Python 3.x,但有些早期的 Python 程序可能依然使用了 Python 2.x 语法。

2018 年 3 月,该语言作者在邮件列表上宣布 Python 2.7 将于 2020 年 1 月 1 日终止支持。用户如果想要在这个日期之后继续得到与 Python 2.7 有关的支持,则需要付费给商业供应商。

2019 年,Python 3.8 发布。Python 语言项目正式宣布采用 12 个月的发布周期,此前 Python 语言的发布周期是一年半。

2020 年 10 月 5 日,Python 3.9 版本发布。

由于 Python 语言的简洁性、易读性以及可扩展性,在国外用 Python 做科学计算的研究机构日益增多,一些知名大学已经采用 Python 来教授程序设计课程。例如卡耐基-梅隆大学的“编程基础”、麻省理工学院的“计算机科学及编程导论”就使用 Python 语言讲授。众多开源的科学计算软件包都提供了 Python 的调用接口,例如著名的计算机视觉库 OpenCV、三维可视化库 VTK、医学图像处理库 ITK。而 Python 专用的科学计算扩展库就更多了,例如如下 3 个十分经典的科学计算扩展库:NumPy、SciPy 和 matplotlib,它们分别为 Python 提供了快速数组处理、数值运算以及绘图功能。因此 Python 语言及其众多的扩展库所构成的开发环境十分适合工程技术、科研人员处理实验数据、制作图表,甚至开发科学计算应用程序。

1.1.2　Python 语言的优势

Python 是目前广泛流行的程序设计语言之一,从云计算、大数据到人工智能,Python 无处不在,百度、阿里巴巴、腾讯等一系列大公司都在使用 Python 完成各种任务。Python 发展如此迅猛,究竟有什么优势呢?

1. 简单

Python 采用极简主义设计思想,语法简单优雅,不需要很复杂的代码和逻辑即可实现强大的功能,很适合初学者学习。

2. 易学

Python 学习简单、上手快，不需要面对复杂的语法环境即可实现所需功能，学习门槛很低，可以通过命令行交互环境学习 Python 编程。

3. 开源免费

Python 是开源软件。这意味着用户不用花钱便能复制、阅读、改动它，这也是 Python 越来越优秀的原因——它是由一群希望看到一个更加优秀的 Python 的人创造并经常改进着的。

4. 自由内存管理

Python 内存管理是自动完成的，Python 开发人员仅需专注程序本身，无须关注内存管理。

5. 跨平台、可移植性

Python 具有良好的跨平台和可移植性能，可以被移植到大多数平台下面，如 Windows、Mac OS、Linux、Andorid 和 iOS 等。

6. 解释性

Python 解释器可以把源代码转换成字节码的中间形式，然后把它翻译成计算机使用的机器语言并运行，无需编译环节，可以减少编译过程的时耗，提高 Python 运行速度。

7. 面向对象

Python 既支持面向过程，也支持面向对象编程。在面向过程编程中，程序员复用代码，在面向对象编程中，使用基于数据和函数的对象。

8. 可扩展性和可嵌入性

如果需要一段关键代码运行得更快或者希望某些算法不公开，则可以把部分程序用 C 或 C++ 编写，然后在 Python 程序中使用它们。可以把 Python 嵌入 C/C++ 程序，从而向程序用户提供脚本功能。Python 的学习强度相对于其他的一些编程语言简单，零基础也可轻松学会，而且发展前景好，在人工智能、大数据、云计算等领域均得到了广泛的应用。

9. 丰富的库

Python 标准库很庞大。它可以帮助用户处理各种工作，包括正则表达式、文档生成、单元测试、线程、数据库、网页浏览器、CGI、FTP、电子邮件、XML、XML-RPC、HTML、WAV 文件、密码系统、GUI(图形用户界面)、TK 和其他与系统有关的操作。

Python 的最大优点就是比其他语言更简单易学，作为功能强大的解释型编程语言，它有简洁明了的语法、高效率的高层数据结构，能够简单而有效地实现面向对象编程。

1.1.3　Python 语言的应用领域

Python 的应用领域非常广泛，很多大中型互联网企业都在使用 Python 完成各种各样的任务，例如国外的 Google、YouTube、Dropbox，国内的百度、新浪、搜狐、腾讯、阿里、网易、淘宝、知乎、豆瓣、汽车之家、美团，等等。概括起来，Python 的应用领域主要有如下几个。

1. Web 开发

在 Web 开发领域，Python 拥有很多免费数据函数库、免费网页模板系统以及与 Web 服务器进行交互的库，可以搭建 Web 框架，快速实现 Web 开发。例如，国内知名的在线医疗网站春雨医生、豆瓣网等这些平台都是用 Python 开发的。这些网站和应用的效果如图 1.2 和图 1.3 所示。目前比较有名的 Python Web 框架为 Django。从事该领域应从数据、组件、安全等多领域进行学习，从底层了解其工作原理即可驾驭任何业内主流的 Web 框架。

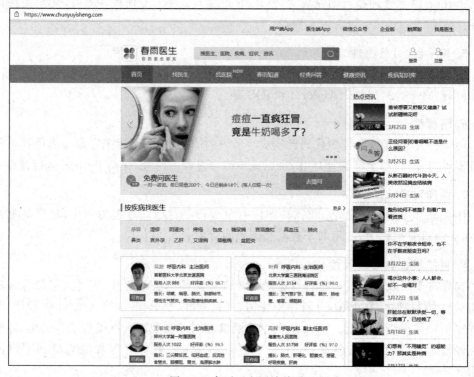

图 1.2　春雨医生网站首页

2. 爬虫开发

在爬虫领域，Python 一直处于领先地位，它将网络一切数据作为资源，通过自动化程序进行有针对性的数据采集以及处理。Google 等搜索引擎公司大量地使用 Python 语言编写网络爬虫。从技术层面上讲，Python 提供了很多服务于编写网络爬虫的工具，例如 urllib、Selenium 和 BeautifulSoup 等，还提供了一个网络爬虫框架 Scrapy。

3. 人工智能

人工智能是目前非常流行的一个研究方向。而 Python 在人工智能领域内的机器学习、神经网络、深度学习等方面，都是主流的编程语言。可以这么说，基于大数据分析和深

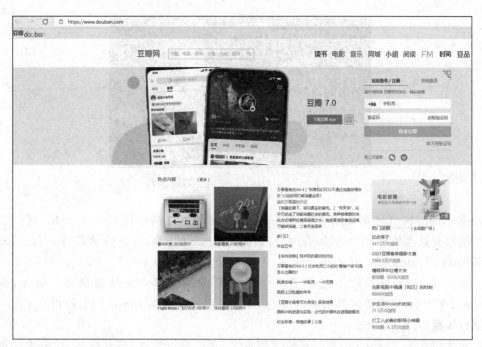

图 1.3　豆瓣网首页

度学习的人工智能,其本质上已经无法离开 Python 的支持了,原因至少有以下几点。

目前世界上优秀的人工智能学习框架,比如 Google 的 TransorFlow(神经网络框架)、Facebook 的 PyTorch(神经网络框架)以及开源社区的 Karas 神经网络库等,都是用 Python 实现的。

微软的 CNTK(认知工具包)也完全支持 Python,并且该公司开发的 VS Code 也已经把 Python 作为第一级语言进行支持。

Python 擅长进行科学计算和数据分析,支持各种数学运算,可以绘制出更高质量的 2D 和 3D 图像。

4. 科学运算

Python 是一门很适合做科学计算的编程语言,自 1997 年,NASA 就大量使用 Python 进行各种复杂的科学运算。并且和其他解释型语言(如 Shell、JavaScript、PHP)相比,Python 在数据分析、可视化方面有相当完善和优秀的库,例如 NumPy、SciPy、matplotlib、pandas 等,这可以满足 Python 程序员编写科学计算程序的需求。

5. 游戏开发

在网络游戏开发中,Python 也有很多应用,相比于 Lua 和 C++ ,Python 有更高阶的抽象能力,可以用更少的代码描述游戏业务逻辑,非常适合编写 1 万行以上代码的项目,而且能够很好地把网游项目的规模控制在 10 万行代码以内。比如,国际上知名的游戏 *Sid Meier's Civilization*(见图 1.4)就是使用 Python 实现的。

6. 自动化运维

很多操作系统中,Python 是标准的系统组件,大多数 Linux 发行版以及 NetBSD、

图 1.4　*Sid Meier's Civilization* 游戏

OpenBSD 和 Mac OS 都集成了 Python，可以在终端下直接运行 Python。有一些 Linux 发行版的安装器使用 Python 语言编写，例如 Ubuntu 的 Ubiquity 安装器、RedHat Linux 和 Fedora 的 Anaconda 安装器，等等。

另外，Python 标准库中包含了多个可用来调用操作系统功能的库。例如，通过 pywin32 软件包，可以访问 Windows 的 COM 服务以及其他 Windows API；使用 IronPython，能够直接调用.Net Framework。

通常情况下，Python 编写的系统管理脚本，无论是可读性，还是性能、代码重用度以及扩展性方面，都优于普通的 Shell 脚本。

总的来说，Python 语言不仅可以应用到网络编程、游戏开发等领域，还可以在图形图像处理、智能机器人、爬取数据、自动化运维等多方面崭露头角，为开发者提供简约、优雅的编程体验。

1.2　搭建 Python 开发环境

本节介绍如何在本地搭建 Python 开发环境。Python 3 可应用于多平台，包括 Windows、Linux 和 Mac OS 等。用户可以通过终端窗口输入 python 命令来查看本地是否已经安装 Python 以及 Python 的安装版本。

说明：在个人开发学习阶段推荐使用 Windows 操作系统，本书采用的是 Windows 操作系统。

1. 下载安装包

在 Windows 系统平台安装 Python 的具体操作步骤如下。

（1）打开浏览器，访问 Python 官网 https://www.python.org，如图 1.5 所示。

（2）选择 Downloads 菜单下的 Windows 命令，如图 1.6 所示。

（3）在 Python 的下载列表页面中，列出了 Python 提供的各个版本的下载链接，读者可以根据需要下载。当前 Python 3.x 最稳定的版本是 3.9.2，所以找到 Python 3.9.2 的安装包，如果 Windows 系统版本是 32 位的，则单击 Download Windows installer（32-bit）超链接，然后下载；如果 Windows 系统版本是 64 位的，则单击 Download Windows installer（64-bit）超链接，然后下载，如图 1.7 所示。

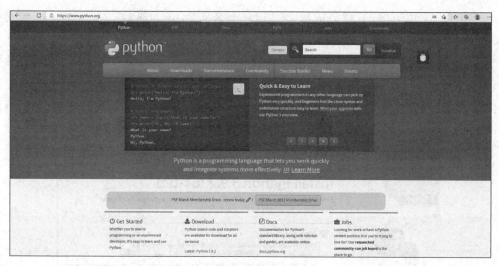

图 1.5 Python 官网首页

图 1.6 选择 Downloads 菜单下的 Windows 命令

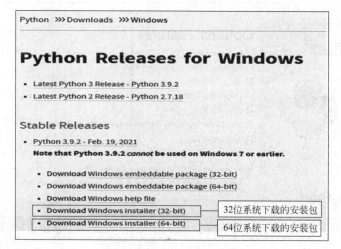

图 1.7 选择 Windows 版本

（4）以 64 位为例，下载完成后会得到一个名称为 python-3.9.2-amd64.exe 的安装文件。

2. 在 Windows 64 位操作系统中安装 Python

（1）双击运行所下载的文件 python-3.9.2-amd64.exe，弹出 Python 安装向导窗口，如图 1.8 所示，勾选 Add Python 3.9 to PATH 复选框，表示将自动配置环境变量，然后单击 Customize installation 按钮，进行自定义安装（自定义安装可以修改安装路径）。

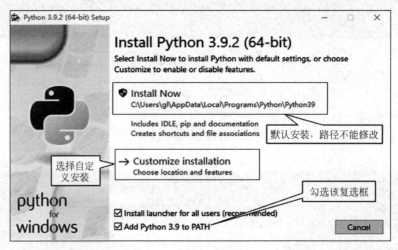

图 1.8　Python 安装向导

（2）在弹出的安装选项界面中，如图 1.9 所示，Documentation 选项表示安装 Python 的安装文档，pip 选项表示安装下载 Python 包的工具 pip，tcl/tk and IDLE 选项表示安装 tkinter 和 IDLE 开发环境，Python test suite 选项表示安装标准库测试套件，最后一行两个选项表示安装所有用户都可以启动 Python 的发射器。这里可以采用默认设置，保持默认选择，单击 Next 按钮。

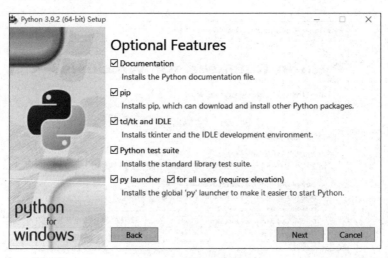

图 1.9　安装选项界面

（3）如图 1.10 所示，弹出高级选项界面，此时可以修改安装路径，其他采用默认设置。

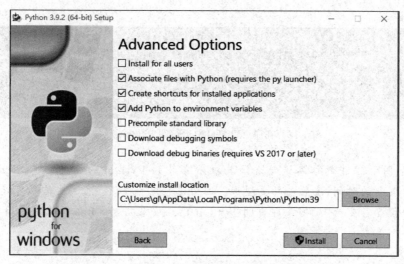

图 1.10   高级选项界面

（4）单击 Install 按钮进行安装，开始安装 Python，安装完成后将显示如图 1.11 所示的界面。

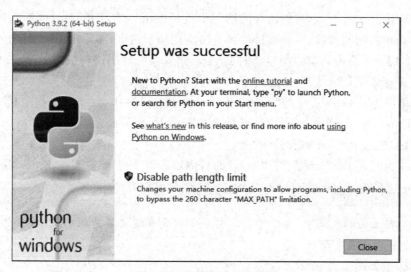

图 1.11   安装完成后的界面

（5）安装完毕，单击 Close 按钮关闭页面。

3. 测试 Python 是否安装成功

Python 安装完成后，需要检测 Python 是否成功安装。例如，在 Windows 10 系统中检测 Python 是否成功安装，可以单击 Windows 10 系统的"开始"菜单，在"搜索程序和文件"文本框中输入 cmd 命令，打开命令行窗口，在当前的命令提示符后输入 python 命令，按 Enter 键,如果出现如图 1.12 所示的信息,则说明 Python 安装成功,同时系统进入交互式 Python 解释器中。

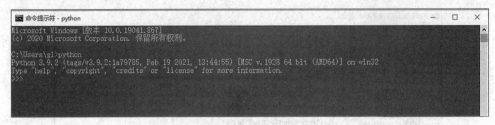

图 1.12   在命令行窗口中运行的 Python 解释器

提示:图 1.12 中的信息是笔者计算机中安装的 Python 的相关信息:Python 的版本、该版本发行的时间、安装包的类型等。因为选择的版本不同,这些信息可能会有所差异,但命令提示符变为">>>",即说明 Python 已经安装成功,正在等待用户输入 Python 命令。

1.3   第一个 Python 程序

1.3.1   在命令行窗口启动 Python 解释器

作为程序开发人员,学习新语言的第一步就是输出。学习 Python 也不例外,首先从学习输出简单的词句开始,下面通过两种方法实现同一输出,即输出语句"Hello World"。

【例 1-1】   在命令行窗口中启动的 Python 解释器中输出语句"Hello World"。

具体步骤如下。

(1) 单击 Windows 系统的"开始"菜单,在"搜索程序和文件"文本框中输入 cmd 命令,并按 Enter 键,启动命令行窗口,然后在当前的 Python 提示符后输入"python",并且按 Enter 键,进入 Python 解释器中。

(2) 在当前的 Python 提示符">>>"的右侧输入以下代码,并且按 Enter 键。

```
print("Hello World ")
```

提示:在上面的代码中,小括号和双引号都需要在英文半角状态下输入,并且输出语句 print 全部为小写字母。

运行结果如图 1.13 所示。

1.3.2   在 Python 自带的 IDLE 中实现

通过例 1-1 可以看出,在命令行窗口中的 Python 解释器中,编写 Python 代码时,代码颜色是纯色的,不方便阅读。实际上,在安装 Python 时,会自动安装一个开发工具 IDLE,通过它编写 Python 代码时,会用不同的颜色显示代码,这样代码将更容易阅读。下面将通过一个具体的实例演示如何打开 IDLE,并且实现与例 1-1 相同的输出结果。

【例 1-2】   在 IDLE 中输出"Hello World!"。

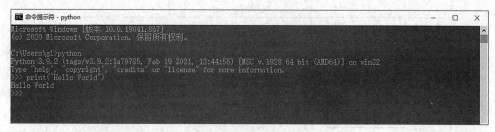

图 1.13　在命令行窗口输出"Hello World"

在 IDLE 中输出"Hello World!"的步骤如下。

（1）单击 Windows 系统的"开始"菜单，然后依次选择"所有程序"→Python 3.9→IDLE(Python 3.9 64-bit)菜单项，如图 1.14 所示。

图 1.14　选择 IDLE(Python 3.9 64-bit)菜单项

（2）打开 IDLE 窗口，如图 1.15 所示。

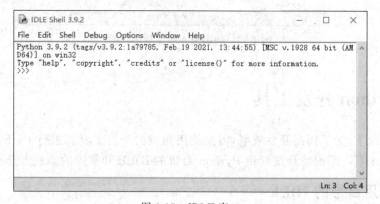

图 1.15　IDLE 窗口

（3）在当前的 Python 提示">>>"的右侧输入以下代码，然后按 Enter 键。

```
print("Hello World!")
```

运行结果如图 1.16 所示。

提示：代码的符号必须是在英文状态下输入，如果在中文状态下输入代码中的小括号或者双引号，那么将产生语法错误。例如，在 IDLE 开发环境中输入并执行下面的代码。

```
print("人生苦短,我用 Python")
```

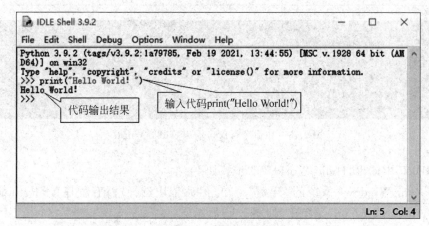

图 1.16   代码运行结果

结果就会出现如图 1.17 所示的错误。

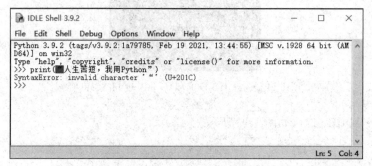

图 1.17   代码出现错误结果状态

1.4   Python 开发工具

通常情况下,为了提高开发效率,需要使用相应的开发工具。进行 Python 开发也可以使用开发工具。下面将详细介绍 Python 自带的 IDLE 和常用的第三方开发工具。

1.4.1   使用自带的 IDLE

在安装 Python 后,会自动安装一个 IDLE。它是一个 Python Shell(可以在打开的 IDLE 窗口的标题栏中看到),程序开发人员可以利用 Python Shell 与 Python 交互。下面将详细介绍如何使用 IDLE 开发 Python 程序。

1. 打开 IDLE 并编写代码

单击 Windows 系统的"开始"菜单,然后依次选择"所有程序"→Python 3.9→IDLE (Python 3.9 64-bit)菜单项,即可打开 IDLE 窗口。

在 1.3.2 小节已经应用 IDLE 输出了简单的语句,但是实际开发时,通常不能只包含一行代码,当需要编写多行代码时,可以单独创建一个文件保存这些代码,在全部编写完成后一起执行。具体方法如下。

（1）在 IDLE 主窗口的菜单栏上，选择 File→New File 菜单项，将打开一个新窗口，在该窗口中，可以直接编写 Python 代码。在输入一行代码后再按 Enter 键，将自动换到下一行，等待继续输入。

（2）在代码编辑区中，编写多行代码，例如，代码如下：

```
01 print("Hello World!")          #输出英文
02 print("Number is 223")         #输出数字
03 print("我爱学习 Pyhon 课程")     #输出中文
```

代码输入完毕，窗口如图 1.18 所示。

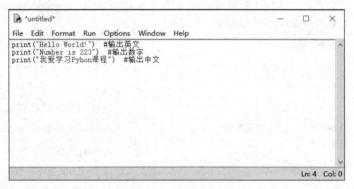

图 1.18 IDLE 中输入代码

（3）代码输入完成之后，按 Ctrl+S 组合键保存文件，这里将文件名称设置为 test.py。其中，.py 是 Python 文件的扩展名。

（4）在菜单栏中选择 Run→Run Module 菜单项（也可以直接按 F5 键），运行程序。

运行程序后，将打开 Python Shell 窗口显示运行结果，如图 1.19 所示。

图 1.19 Python Shell 窗口显示运行结果

2. IDLE 中常用的快捷键

在程序开发过程中，合理使用快捷键，不但可以减少代码的错误率，而且可以提高开发效率。在 IDLE 中,可通过选择 Options→Configure IDLE 菜单项,在打开的 Settings 对话框的 Keys 选项卡中查看快捷键,但是该界面是英文的,不便于查看。为方便读者学习,表 1.1 列出了 IDLE 中一些常用的快捷键。

表 1.1　IDLE 提供的常用快捷键

快 捷 键	说　明	适用操作界面
Fl	打开 Python 帮助文档	Python 文件窗口和 Shell 窗口均可用
Alt+P	浏览历史命令(上一条)	仅 Python Shell 窗口可用
Alt+N	浏览历史命令(下一条)	仅 Python Shell 窗口可用
Alt+/	自动补全前面曾经出现过的单词,如果之前有多个单词具有相同前缀,可以连续按该快捷键,在多个单词中循环选择	Python 文件窗口和 Shell 窗口均可用
Alt+3	注释代码块	仅 Python 文件窗口可用
Alt+4	取消代码块注释	仅 Python 文件窗口可用
Alt+g	转到某一行	仅 Python 文件窗口可用
Ctrl+Z	撤销一步操作	Python 文件窗口和 Shell 窗口均可用
Ctrl+Shift+Z	恢复上一次的撤销操作	Python 文件窗口和 Shell 窗口均可用
Ctrl+S	保存文件	Python 文件窗口和 Shell 窗口均可用
Ctrl+]	缩进代码块	仅 Python 文件窗口可用
Ctrl+[	取消代码块缩进	仅 Python 文件窗口可用
Ctrl+F6	重新启动 Python Shell	仅 Python Shell 窗口可用

1.4.2　Windows 系统的命令行

cmd 命令可打开 Windows 环境下的虚拟 DOS 窗口。在 Windows 系统下,打开 DOS 窗口有 3 种方法。

(1) 按 Win+R 组合键,其中 Win 键是键盘上的"开始"菜单键,如图 1.20 所示,在弹出的对话框中输入 cmd,如图 1.21 所示。单击"确定"按钮,即可打开 DOS 窗口。

图 1.20　Win 键

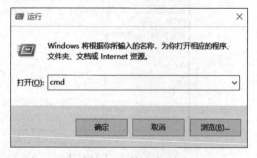
图 1.21　输入 cmd

(2) 通过"搜索"列表搜索 cmd,如图 1.22 所示。选择"命令提示符"选项或按 Enter 键即可打开 DOS 窗口。

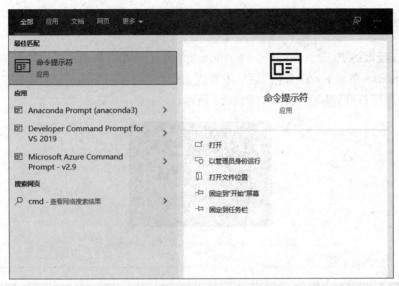

图 1.22　"搜索"列表搜索到 cmd

（3）在 C:\Windows\System32 路径下找到 cmd 文件，如图 1.23 所示，双击 cmd
文件。

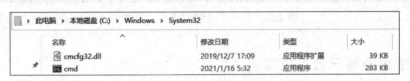

图 1.23　cmd 文件

（4）打开 DOS 窗口，输入 python，按 Enter 键，如果出现>>>符号，说明已经进入
Python 交互式编程环境，如图 1.24 所示。此时输入 exit 即可退出。

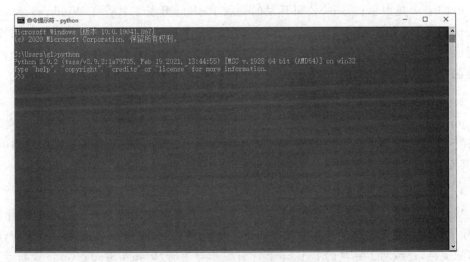

图 1.24　Python 交互式编程环境

1.4.3   命令行版本的 Python Shell——Python 3.9

命令行版本的 Python Shell——Python 3.9 的打开方法和 IDLE 的打开方法是一样的。在 Windows 系统下,在"开始"菜单中找到命令行版本的 Python 3.9(64-bit),如图 1.25 所示,单击即可打开,其运行界面如图 1.26 所示。

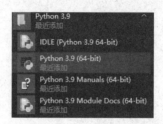

图 1.25   选择 Python 3.9(64-bit)选项

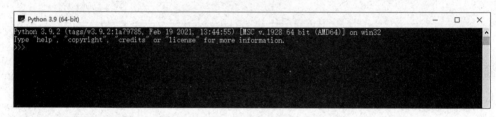

图 1.26   Python 3.9(64-bit)运行界面

1.4.4   常用的第三方开发工具

除了 Python 自带的 IDLE 以外,还有很多能够进行 Python 编程的开发工具。下面对几个常用的第三方开发工具进行简要介绍。

1. PyCharm

PyCharm 是由 JetBrains 公司开发的一款 Python 开发工具。在 Windows、Mac OS 和 Linux 操作系统中都可以使用。它具有语法高亮显示、Project(项目)管理代码跳转、智能提示、自动完成、调试、单元测试和版本控制等一般开发工具都具有的功能。另外,它还支持在 Django(Python 的 Web 开发框架)下进行 Web 开发。

2. jupyter notebook

jupyter notebook 是 Python 学习与开发的一款简洁的 IDE,它是一款 Web 应用程序,便于创建和编写文档等操作,支持实时编写并运行代码,同时支持可视化图像输出,等等,其安装与启动方式很简单。

3. Microsoft Visual Studio

Microsoft Visual Studio 是很多企业和个人一直都在使用的具有强大功能的开发工具,除了占用系统资源过多外几乎没有缺点。新版的 Visual Studio 已经加入了对 Python 语言的支持,还编写了完整的 Python 程序开发指导手册,Visual Studio Code 重新定义了代码编辑,支持在任何操作系统上编辑和调试应用程序,内置 Git 支持,支持超过 10 000 个扩展,免费且基于开放源代码构建。

4. Wing IDE

Wing IDE 是另外一个商业的、面向专业开发人员的 Python 集成开发环境,可以运行在 Windows、Mac OS 和 Linux 系统上,支持最新版本的 Python,包括 stackless Python (Python 的增强版)。Wing IDE 分三个版本:基础版、个人版和专业版。调试功能是 Wing IDE 的一大亮点,包括多线程调试、线程代码调试、自动子进程调试、断点、单步代码调试、代码数据检查等功能,此外还提供了在树莓派上进行远程调试的功能。在代码管理方面,Wing IDE 能非常灵活地与 Git、subversion、perforce、cvs、Bazaar、Mercurial 等工具集成。此外,Wing IDE 也支持其他更多的 Python 框架,比如 Maya、MotionBuilder、Zope、PyQt、PySide、pyGTK、PySide、Django、matplotlib 等。

5. Spyder Python

Spyder Python 是一个开源的 Python 集成开发环境,非常适合用来进行科学计算方面的 Python 开发。是一个轻量级的软件,是用 Python 开发的,遵循 MIT 协议,可免费使用。Spyder Python 的基本功能包括多语言编辑器、交互式控制台、文件查看、variable explorer、文件查找、文件管理等。Spyder IDE 也可以运行于 Windows、Mac OS 或者 Linux 系统上。虽然 Spyder 是一个独立的集成开发环境,但是它也可以作为 PyQT 的扩展库,可以嵌入 PyQT 的应用中去。

1.4.5　在 Python 交互模式中运行 .py 文件

在 1.4.2 小节中已经介绍了如何在 Python 交互模式中直接编写并运行 Python 代码。那么如果已经编写好一个 Python 文件,应该如何运行它呢?

要运行一个已经编写好的 .py 文件,可以单击"开始"菜单,在"搜索程序和文件"文本框中输入 cmd 命令,并按 Enter 键,启动命令行窗口,然后输入以下格式的代码。

```
python 完整的文件名(包括路径)
```

例如,要运行 D:\test.py 文件,可以使用以下命令。

```
Python D:\test.py
```

提示: 在运行 .py 文件时,如果文件名或者路径比较长,可先在命令行窗口中输入 python 加一个空格,然后直接把文件拖曳到空格的位置,这时文件的完整路径将显示在空格的右侧,再按 Enter 键运行即可。

1.5　Python 集成开发环境 PyCharm 的安装

PyCharm 的官方网站为 http://www.jetbrains.com/pycharm/,在该网站中,提供了两个版本的 PyCharm,一个是社区版(免费并且提供源程序),另一个是专业版(免费试用)。读者可以根据需要选择下载版本,对于初学者来说,两者的差距不大。在使用 PyCharm 之前需安装,具体安装步骤如下。

（1）访问 PyCharm 官网（https://www.jetbrains.com/pycharm/），如图 1.27 所示，单击 DOWNLOAD 按钮。

图 1.27　PyCharm 官网首页

（2）选择 Windows 系统的社区版（Community），单击 Download 按钮即可进行下载，如图 1.28 所示。

图 1.28　选择社区版并下载

（3）下载完成后，双击安装包打开安装向导，如图 1.29 所示，单击 Next 按钮。

（4）在进入的界面中自定义软件安装路径，建议不要使用中文字符，如图 1.30 所示，单击 Next 按钮。

（5）在打开的界面中根据自己计算机的系统选择位数，创建桌面快捷方式并关联 .py 文件。其中，Create Desktop Shortcut 表示创建桌面快捷方式，如果当前系统是 64 位，则直接勾选。Update context menu 表示添加鼠标右键菜单，使用打开项目的方式打开文件夹。如果经常需要下载一些别人的代码查看，可以勾选此选项，这会增加鼠标右键菜单的选项。Create Associations 表示将所有 .py 文件关联到 PyCharm，也就是双击 .py 文件，会默认使用 PyCharm 打开。Update PATH variable 表示将 PyCharm 的启动目录添加到环境变量（需要重启），如果需要使用命令行操作 PyCharm，则勾选该选项。如图 1.31 所示，这里全部勾选后，单击 Next 按钮。

图 1.29　欢迎安装界面

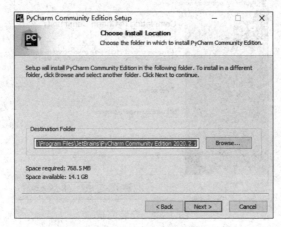

图 1.30　选择安装路径

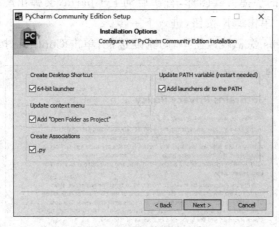

图 1.31　选择位数和文件

　　（6）在打开的界面中单击 Install 按钮默认安装，如图 1.32 所示。安装完成后单击 Finish 按钮，如图 1.33 所示。

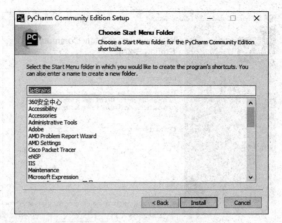

图 1.32　安装进行中

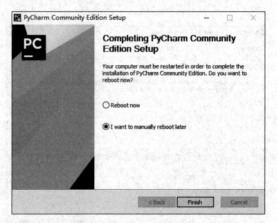

图 1.33　安装完成

（7）双击桌面上的快捷方式图标，首次启动 PyCharm，会弹出配置窗口，选择 Do not import settings 选项，单击 OK 按钮，进入下一步。

（8）进入 JetBrains 隐私政策窗口，勾选复选框，单击 Continue 按钮，如图 1.34 所示。

图 1.34　勾选并单击 Continue 按钮

（9）打开数据共享窗口，确定是否需要进行数据共享，可以直接单击 Don't Send 按钮，如图 1.35 所示。

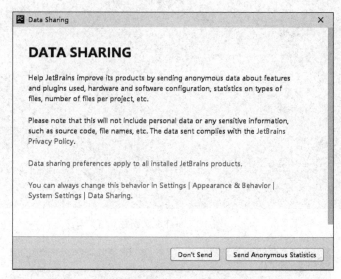

图 1.35　确定是否数据共享

（10）弹出如图 1.36 所示的窗口，选择 New Project 选项创建新项目。

图 1.36　创建新项目

（11）打开 New Project 窗口，自定义项目存储路径，IDE 默认关联 Python 解释器，单击 Create 按钮，如图 1.37 所示。

（12）此时弹出提示信息，选择在启动时不显示提示，如图 1.38 所示，单击 Close 按钮。

（13）这样就进入了 PyCharm 主界面，如图 1.39 所示，单击左下角的 ▣ 图标可显示或隐藏功能侧边栏。

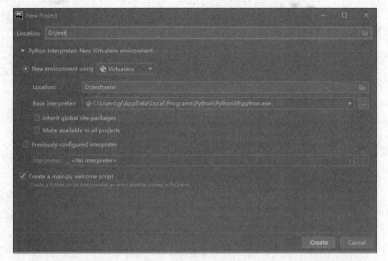

图 1.37   自定义路径

图 1.38   IDE 提示信息

图 1.39   PyCharm 界面

1.6　利用 PyCharm 环境运行第一个 Python 程序

（1）新建好项目（此处项目名为 test）后，还要新建一个 .py 文件。右击项目名 test，选择 New→Python File 命令，如图 1.40 所示。

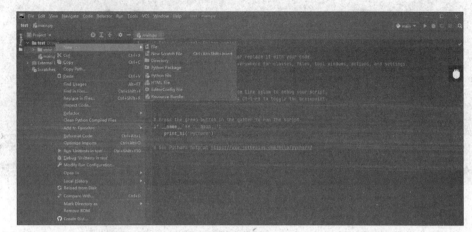

图 1.40　新建文件

（2）在弹出的对话框中输入文件名，如图 1.41 所示。按 Enter 键即可打开此脚本文件，如图 1.42 所示。

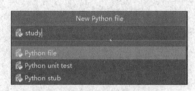

图 1.41　输入文件名

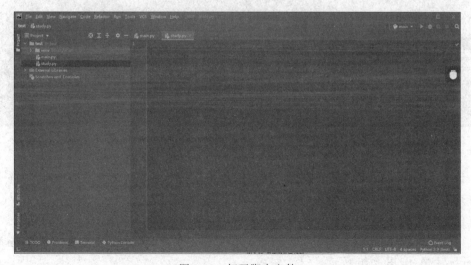

图 1.42　打开脚本文件

（3）在文件中输入代码"print("欢迎学习 Python 课程！")"，然后在文件中任意空白位置右击，选择 Run 'study'命令，如图 1.43 所示。

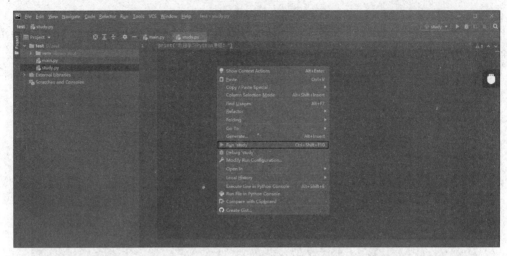

图 1.43   运行页面

（4）在主界面的下方显示 Python 代码的运行结果，如图 1.44 所示。

图 1.44   Python 代码的运行结果

说明：PyCharm 常用设置，包括对主题、样式、字体、字号的设置，可以参考以下步骤进行设置。

（1）选择菜单 File→Settings 命令，如图 1.45 所示，打开 PyCharm 设置对话框。

（2）选择 Appearance & Behavior→Appearance 命令，设置 IDE 主题（Theme），默认 Darcula 主题，如图 1.46 所示。

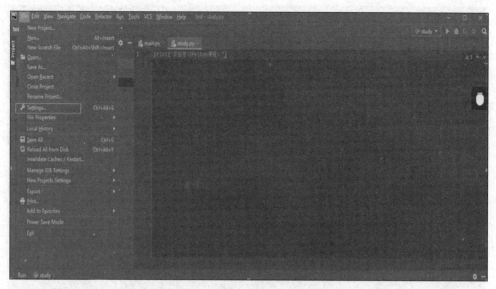

图 1.45　选择 File→Settings 命令

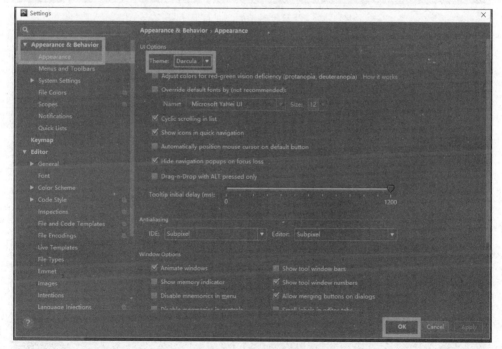

图 1.46　设置 IDE 主题

（3）选择 Editor→Font 命令，设置代码编辑器的字体和字号，如图 1.47 所示。

（4）选择 Editor→Color Scheme 命令，设置代码编辑器样式（Color Scheme），如图 1.48 所示。

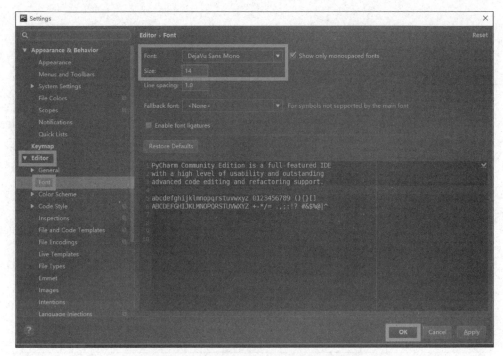

图 1.47　设置代码编辑器的字体和字号

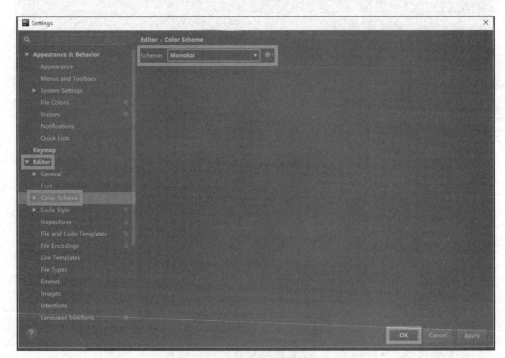

图 1.48　设置代码编辑器样式

1.7　项目训练

1. 安装 Python 开发环境

自行安装 Python 3.9 和第三方开发工具 PyCharm。注意在官网上下载最新版本。

2. 输出个人基本信息

分别用 IDLE 和 PyCharm 编写 Python 程序输出个人信息（校名、班级、学号、姓名）。
参考代码如下。

```
print("校名：××大学")
print("班级：19大数据技术与应用班")
print("学号：190714301××")
print("姓名：某某某")
```

1.8　本章小结

　　Python 是一种面向对象的解释型计算机程序设计语言，具有丰富和强大的库。本章
介绍了 Python 的历史以及优点，简单说明了 Python 在科学计算、人工智能、Web 服务端
和大型网站后端等方面的广泛应用，同时介绍了 Python 的安装方法，对比了几种 Python
开发工具的操作方法，着重介绍了 PyCharm 的安装和使用方法。

习题 1

1. 单项选择题

（1）Python 语言的主网站网址是（　　　）。

　　　A. https://www.python123.org/　　　　B. https://www.python.org/

　　　C. https://www.python123.io/　　　　D. https://pypi.python.org/pypi

【答案】　B

【难度】　容易

【解析】　略。

（2）查看 Python 是否安装成功的命令是（　　　）。

　　　A. Win+R　　　　B. PyCharm　　　　C. python　　　　D. exit()

【答案】　C

【难度】　中等

　　【解析】　直接在命令行窗口中执行 python 命令，如果成功进入 python 交互式命令
行，则安装成功。

　　（3）以下选项中，不是 Python IDE 的是（　　　）。

　　　A. PyCharm　　　　　　　　　　　　B. Jupyter Notebook

    C. Spyder   D. RStudio

【答案】 D

【难度】 容易

【解析】 RStudio官方版是一款专门用于数据分析的工具。

（4）Python为源文件指定系统默认字符编码的声明是（　　　）。

    A. ♯coding：cp936   B. ♯coding：GB2312

    C. ♯coding：utf-8   D. ♯coding：GBK

【答案】 C

【难度】 中等

【解析】 国际惯例，文件编码和Python编码格式全部为utf-8，例如，在Python代码的开头，要统一加上♯--coding：utf-8--。

（5）下面不属于Python特性的是（　　　）。

    A. 简单易学   B. 开源的、免费的

    C. 属于低级语言   D. 高可移植性

【答案】 C

【难度】 容易

【解析】 Python是高级语言。当使用Python语言编写程序时，无须再考虑诸如何管理程序使用的内存一类的底层细节。

（6）Python脚本文件的扩展名为（　　　）。

    A. .python   B. .py   C. .pt   D. .pg

【答案】 B

【难度】 容易

【解析】 .py就是最基本的源码扩展名。Windows下直接双击运行会调用Python.exe执行。

（7）当需要在字符串中使用特殊字符时，Python使用（　　　）作为转义字符。

    A. \   B. /   C. ♯   D. ％

【答案】 A

【难度】 容易

【解析】 转义字符\可以转义很多字符，比如\n表示换行，\t表示制表符，字符\本身也要转义，所以\\表示的字符就是\。

（8）以下不属于Python语言特点的是（　　　）。

    A. 语法简介   B. 依赖平台   C. 支持中文   D. 类库丰富

【答案】 B

【难度】 中等

【解析】 Python具有开源的本质，可以被移植在许多平台上，比如Linux、Windows、FreeBSD、Macintosh、Solaris、OS/2、Amiga、AROS、AS/400等，Python都可以很好地运行其中。

（9）采用IDLE进行交互式编程，其中>>>符号是（　　　）。

A. 运算操作符　　　　B. 程序控制符　　　　C. 命令提示符　　　　D. 文件输入符

【答案】　C

【难度】　容易

【解析】　略。

(10) 关于 Python 语言,以下说法错误的是(　　　)。

A. Python 语言由 Guido van Rossum 设计并领导开发

B. Python 语言由 PSF 组织所有,这是一个商业组织

C. Python 语言提倡开放开源理念

D. Python 语言的使用不需要付费,不存在商业风险

【答案】　B

【难度】　中等

【解析】　PSF 是专门为拥有与 Python 相关的知识产权而创建的非营利组织。

(11) Python 语言的创始人是(　　　)。

A. Guido van Rossum　　　　　　B. Bill Gates

C. Sergey Brin　　　　　　　　　D. Larry Page

【答案】　A

【难度】　容易

【解析】　Guido van Rossum 是 Python 编程语言的创始人,从 2005 年开始就职于 Google 公司。

(12) 工具 pip 的作用是(　　　)。

A. 获取帮助　　　　　　　　　　B. 安装第三方库

C. 用于网络爬虫　　　　　　　　D. 什么也做不了

【答案】　B

【难度】　容易

【解析】　pip 是一个 Python 包管理工具,该工具提供了对 Python 包的查找、下载、安装、卸载的功能。

(13) 下列不是 Python 的应用领域的是(　　　)。

A. Web 开发　　　　B. 科学计算　　　　C. 游戏开发　　　　D. 操作系统管理

【答案】　D

【难度】　中等

【解析】　略。

(14) Python 语言采用严格的"缩进"来表明程序的格式框架。下列说法不正确的是(　　　)。

A. 缩进指每一行代码开始前的空白区域,用来表示代码之间的包含和层次关系

B. 代码编写中,缩进可以用 Tab 键实现,也可以用多个空格实现,但两者不混用

C. "缩进"有利于程序代码的可读性,并不影响程序结构

D. 不需要缩进的代码顶行编写,不留空白

【答案】 C

【难度】 较难

【解析】 Python 语言采用严格的"缩进"来表明程序的格式框架。缩进指每一行代码开始前的空白区域,用来表示代码之间的包含和层次关系。

(15) 以下叙述正确的是( )。

A. Python 3.x 和 Python 2.x 兼容

B. Python 程序只能以可执行程序的方式执行

C. Python 是解释型语言

D. Python 语言出现得晚,具有其他高级语言的一切优点

【答案】 C

【难度】 较难

【解析】 所谓的解释型语言主要包括两个方面:一是有自己的解释器;二是在其他的编译语言(通常是 C 语言)的基础上定义和扩充了自己的语法结构。解释型语言的工作原理就是用自己定义的解释器,解释并执行由自己定义的语法结构生成的程序代码。Python 语言编写的程序不需要编译成二进制代码,可以直接从源代码运行。在计算机内部,Python 解释器把源代码转换成称为字节码的中间形式,然后把它翻译成计算机使用的机器语言并运行。

(16) 下列关于 Python 的说法中,错误的是( )。

A. Python 是从 ABC 语言发展起来的

B. Python 是一门高级的计算机语言

C. Python 是一门只面向对象的语言

D. Python 是一种代表简单主义思想的语言

【答案】 C

【难度】 较难

【解析】 在 Python 中一切数据都是对象(这点胜于 Java 等面向对象的语言),但是它并不是一门纯粹的面向对象的语言,是因为 Python 并不支持面向对象的第一大特性:封装。

2. 判断题

(1) Python 是一种跨平台、开源、免费的高级动态编程语言。( )

A. 正确   B. 错误

【答案】 A

【难度】 容易

【解析】 略。

(2) Python 3.x 完全兼容 Python 2.x。( )

A. 正确   B. 错误

【答案】 B

【难度】 容易

【解析】 为了避免引入历史包袱,Python 3.x 没有考虑与 Python 2.x 的兼容,这也就导致很长时间以来,Python 2.x 的用户不愿意升级到 Python 3.0。

(3) 在 Windows 平台上编写的 Python 程序无法在 UNIX 平台运行。(   )

　　A. 正确　　　　　　　　B. 错误

【答案】 B

【难度】 容易

【解析】 Python 是跨平台的,它可以运行在 Windows、Mac OS 和各种 Linux/UNIX 系统上。在 Windows 上写 Python 程序,放到 Linux 上也是能够运行的。

(4) Python 语言属于汇编语言。(   )

　　A. 正确　　　　　　　　B. 错误

【答案】 B

【难度】 容易

【解析】 略。

(5) 不可以在同一台计算机上安装多个 Python 版本。(   )

　　A. 正确　　　　　　　　B. 错误

【答案】 B

【难度】 容易

【解析】 Python 3.x 版本不向下兼容,但是根据具体的需要,有时候要求 Python 2.x 和 Python 3.x 共存,Python 共存本身没有问题,只是需要设置一些环境变量和修改一些设置来让它更容易使用。

(6) Python 安装扩展库常用的是 pip 工具。(   )

　　A. 正确　　　　　　　　B. 错误

【答案】 A

【难度】 容易

【解析】 略。

(7) 在 IDLE 交互模式中浏览上一条语句的快捷键是 Alt+P。(   )

　　A. 正确　　　　　　　　B. 错误

【答案】 A

【难度】 容易

【解析】 略。

(8) Python 源代码程序编译后的文件扩展名为 pyc。(   )

　　A. 正确　　　　　　　　B. 错误

【答案】 A

【难度】 容易

【解析】 在执行 Python 代码时经常会看到同目录下自动生成同名的 pyc 文件,这是 Python 源码编译后的字节码,一般会在代码执行时自动生成代码中引用的 py 文件的 pyc 文件。这个文件可以直接执行,用文本编辑器打开也看不到源码。

(9) 使用 pip 工具安装科学计算扩展库 Numpy 的完整命令是 pip install Numpy。(   )

 A. 正确 　　　　　　　B. 错误

【答案】　A

【难度】　容易

【解析】　略。

（10）使用 pip 工具查看当前已安装的 Python 扩展库的完整命令是 pip list。（　　）

 A. 正确 　　　　　　　B. 错误

【答案】　A

【难度】　容易

【解析】　使用 pip list 或 pip3 list 命令查看。

（11）相比 C++ 程序，Python 程序的代码更加简洁，语法更加优美，但效率较低。（　　）

 A. 正确 　　　　　　　B. 错误

【答案】　A

【难度】　容易

【解析】　相比于 C/C++ ，Python 运行速度较慢。

（12）Python 语句既可以采用交互式的命令执行方式，又可以采用程序执行方式。（　　）

 A. 正确 　　　　　　　B. 错误

【答案】　A

【难度】　中等

【解析】　Python 有两种运行方式：交互式和脚本式。交互式可以通过 DOS 命令行窗口或者 IDEL 实现，而脚本式通过写一个脚本（扩展名为.py 的文档）实现。其中交互式主要用于简单的 Python 运行或者测试调试 Python，而脚本式是运行 Python 程序的主要方法。

3. 简答题

（1）简述 Python 语言的特点。

【答案】　Python 是一种面向对象、解释型、弱类型的脚本语言，也是一种功能强大而完善的通用型语言，它的特点如下。

① 简单易学。Python 是一种代表简单主义思想的语言。

② 面向对象。Python 既支持面向过程编程，也支持面向对象编程。

③ 可移植性。由于 Python 的开源本质，它已经被移植在许多平台上。

④ 解释性。可以将一个用编译性语言如 C 或 C++ 写的程序从源文件转换到一个计算机使用的语言。这个过程通过编译器和不同的标记、选项完成。

⑤ 开源。Python 是 FLOSS（自由/开放源码软件）之一。

⑥ 高级语言。Python 是高级语言。当使用 Python 语言编写程序时，无须再考虑诸如如何管理程序使用的内存一类的底层细节。

⑦ 可扩展性。如果需要一段关键代码运行得更快或者希望某些算法不公开，就可以把部分程序用 C 或 C 语言编写，然后在 Python 程序中使用它们。

⑧ 丰富的库。Python 标准库确实很庞大，它可以帮助用户处理各种工作。

⑨ 规范的代码。Python 采用强制缩进的方式使代码具有极佳的可读性。

（2）如何安装和配置 Python 编程环境？

【答案】　① 在官网（http://www.python.org/download/）下载安装包，目前版本为 3.6。

② 也可以手动配置环境变量。系统变量为 path，如 C:\python36\。

③ 验证是否安装成功。在命令行中输入"python"，按 Enter 键。

（3）编写一个程序文件，利用 IDLE 输出"欢迎学习本门课程"。

【答案】　① 安装完 Python 后，选择"开始"→"程序"命令，找到 Python，然后打开 Python 自带的集成开发环境 IDLE。

② 在 IDLE 中，选择 File→New File 命令，打开一个新文件，用于编写 Python 脚本。写入代码，用 print()函数打印输出信息：print("欢迎学习本门课程")。

③ 选择 File→Save 命令，保存该脚本文件，然后选择 Run→Run Module 命令，运行该脚本，得到结果。

第2章

Python 语言基础

（1）掌握 Python 的语法特点和格式。

（2）掌握 Python 的基础变量类型。

（3）掌握 Python 的数值型变量。

（4）了解 Python 的字符型变量。

（5）掌握 Python 的常用操作运算符。

要熟练掌握一门编程语言，最好的方法就是充分了解、掌握基础知识，并亲自体验，多编写代码，熟能生巧。本章将详细介绍 Python 的语法特点，然后介绍 Python 中的保留字、标识符、变量、基本数据类型及数据类型间的转换，接下来介绍运算符与表达式，最后介绍通过输入/输出方法进行交互的方法。

2.1　Python 的语法特点

学习 Python 需要了解它的语法特点，如注释规则、代码缩进、编码规范等。下面详细介绍 Python 的这些语法特点。

2.1.1　Python 的注释

计算机参数说明标签对计算机的品牌、型号、CPU、内存大小、分辨率、价格等信息进行说明，在程序中，注释就是对代码的解释和说明，如同价格标签一样，让他人了解代码实现的功能，从而帮助程序员更好地阅读代码，而且如果对代码注释得不够彻底，时间久了恐怕连程序开发人员自己也会弄不清代码的含义，而采用注释就可以解决这些问题，而且注释的内容将被 Python 解释器忽略，并不会在执行结果中体现出来。

在 Python 中，通常包括 3 种类型的注释，分别是单行注释、多行注释以及中文编码声明注释。

1. 单行注释

在 Python 中，使用"♯"作为单行注释的符号。从符号"♯"开始直到换行为止，"♯"后面所有的内容都作为注释的内容，并被 Python 编译器忽略。

语法格式如下：

```
#注释内容
```

单行注释可以放在要注释代码的前一行,也可以放在要注释代码的右侧。例如,下面的两种注释形式都是正确的。

第一种形式：

```
#这是一个注释
print("欢迎学习 Python 课程!")
```

第二种形式：

```
print("欢迎学习 Python 课程!")        #这是一个注释
```

上面两种形式的运行结果是相同的,如图 2.1 所示。

```
study ×
D:\test\venv\Scripts\python.exe D:/test/study.py
欢迎学习Python课程!

Process finished with exit code 0
```

图 2.1　运行结果

提示：在添加注释时,一定要有意义,即注释要能充分解释代码的功能及用途。注释可以出现在代码的任意位置,但是不能分隔关键字和标识符。例如,下面的代码注释写在了代码中间,是错误的。

```
height=float(#要求输入身高 input("请输入您的身高: "))
```

提示：本书中代码如果有>>>提示符,是指程序在 Python 自带的 IDLE 开发环境中运行,其余均是在 PyCharm 集成开发环境中运行。

说明：注释除了可以解释代码的功能及用途外,也可以用于临时注释掉不想执行的代码。在 IDLE 开发环境中,通过选择主菜单中的 Format→Comment Out Region 命令(快捷键 Alt＋3),将选中的代码注释掉;通过选择主菜单中的 Format→UnComment Region 命令(快捷键 Alt＋4),取消注释代码。

2. 多行注释

在 Python 中,多行注释指的是一次性注释程序中多行的内容(包含一行)。Python 使用三个连续的单引号'''或者三个连续的双引号"""注释多行内容。不属于任何语句的内容都可视为注释,这样的代码将被解释器忽略。由于这样的代码可以分为多行编写,所以也称为多行注释。

多行注释通常用来为 Python 文件、模块、类或者函数等添加版权、功能等信息,且在使用引号进行多行注释时,需要保证前后使用的引号类型保持一致。前面使用单引号,后面使用双引号,或者前面使用双引号,后面使用单引号,都是不被允许的。

提示：在 Python 中,三个单引号连写(简称三引号,''')是字符串定界符。如果三引号作为语句的一部分出现,就不是注释,而是字符串,这一点要注意区分。

3. 中文编码声明注释

在 Python 中,还提供了一种特殊的中文编码声明注释,该注释的出现主要是为了解决 Python 2.x 中不支持直接写中文的问题。虽然在 Python 3.x 中,该问题已经不存在了,但是为了规范页面的编码,同时方便其他程序员及时了解文件所用的编码,建议在文件开始加上中文编码声明注释。

语法格式如下:

```
#- * - coding:编码- * -
#coding=编码
```

在上面的语法中,编码为文件所使用的字符编码类型,如果采用 UTF-8 编码,则设置为 utf-8;如果采用 GBK 编码,则设置为 gbk 或 cp936。

例如,指定编码为 UTF-8,可以使用下面的中文编码声明注释。

```
#- * - coding:utf-8 - * -
```

说明:在上面的代码中,- * -没有特殊的作用,只是为了美观才加上的,而且也是一种普遍使用的形式,所以上面的代码也可以使用"♯coding:utf-8"或者"♯coding＝utf-8"代替。

在编写 Python 脚本时,除了要声明编码以外,还要提示路径声明,路径声明的语法格式如下。

```
#! e:/Python/Python39
```

上述语句声明的路径为 Python 的安装路径,路径声明的目的就是告诉操作系统调用"e:/Python/Python39"目录下的 Python 解释器执行文件。路径声明一般放在脚本首行。

注释的基本作用是为代码添加说明,除此以外它还有另外一个实用的功能,就是用来调试程序。举个例子,如果你觉得某段代码可能有问题,可以先把这段代码注释起来,让Python 解释器忽略这段代码,然后再运行。如果程序可以正常执行,则可以说明错误就是由这段代码引起的;反之,如果依然出现相同的错误,则可以说明错误不是由这段代码引起的。在调试程序的过程中使用注释可以缩小错误所在的范围,提高调试程序的效率。

2.1.2 代码缩进

Python 不像其他程序设计语言(如 Java 或者 C 语言)采用大括号"{}"分隔代码块,而是采用代码缩进和冒号":"区分代码之间的层次。缩进可以使用空格或者 Tab 键实现,空格和 Tab 符的显示都是空白,只是长度不同。如果混用,代码显示容易混淆,增加维护及调试的困难,降低代码易读性,因此 Python PEP 8 编码规范指导使用 4 个空格作为缩进量,而使用 Tab 键时,则采用一个 Tab 键作为一个缩进量。通常情况下建议采用空格进行缩进。在 Python 中,对于类定义、函数定义、流程控制语句、异常处理语句等,行尾的冒号和下一行的缩进表示一个代码块的开始,而缩进结束则表示一个代码块的结束。

例如，下面代码中的缩进为正确的缩进。

```
01 if True:
02     print ("True")
03 else:
04     print ("False")
```

提示：本书代码前面的数字表示行号，所有实例代码均采用该方式进行标注说明。错误的代码如下所示，最后一行语句的缩进空格数与其他行不一致，会导致代码运行出错。

```
01 if True:
02     print ("True")
03 else:
04   print ("False")
```

Python 对代码的缩进要求非常严格，同一个级别的代码块的缩进量必须相同，如果不采用合理的代码缩进，将抛出异常。例如，代码中 if 和 else 的缩进不一致，就会出现 IndentationError 错误，如图 2.2 所示。

```
D:\test\venv\Scripts\python.exe D:/test/study.py
  File "D:\test\study.py", line 4
    else:
        ^
IndentationError: unindent does not match any outer indentation level

Process finished with exit code 1
```

图 2.2　IndentationError 错误

提示：在 IDLE 开发环境中，默认是以 4 个空格作为代码的基本缩进单位。不过这个值是可以手动改变的，选择 Options→ConfigureIDLE 命令，在打开的 Settings 对话框的 Fonts/Tabs 选项卡中修改基本缩进量，如图 2.3 所示。

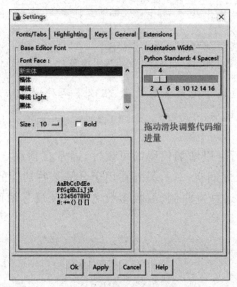

图 2.3　调整代码缩进量

如图 2.3 所示,通过拖动滑块,即可改变默认的代码缩进量,例如拖动至 2,则使用
Tab 键设置代码缩进量时,会发现按一次 Tab 键,代码缩进 2 个空格的长度。不仅如此,
在使用 IDLE 开发环境编写 Python 代码时,如果想设置多行代码的缩进量,可以使用
Ctrl+]和 Ctrl+[快捷键,此快捷键可以使所选中代码快速缩进(或反缩进)。

2.1.3 Python 的编码规范

Python 采用 PEP 8 作为编码规范,其中 PEP 是 Python Enhancement Proposal
(Python 增强建议书)的缩写,8 代表的是 Python 代码的样式指南。下面仅列出 PEP 8
中初学者应严格遵守的一些编码规则。

(1) 每个 import 语句只导入一个模块,尽量避免一次导入多个模块,例如:

```
#推荐的写法
import os
import sys
```

关于 import 的含义和用法会在后续章节中介绍,这里不必深究。

(2) 不要在行尾添加分号,也不要用分号将两条命令放在同一行,例如:

```
#不推荐的写法
height=float(input("输入身高: ")); weight=fioat(input("输入体重: "));
```

(3) 建议每行不超过 80 个字符,如果超过,建议使用小括号将多行内容隐式地连接
起来,而不推荐使用反斜杠 \ 进行连接。

例如,如果一个字符串文本无法实现一行完全显示,则可以使用小括号将其分开显
示,代码如下。

```
#推荐的写法
s=("Python 实例教程是一本很容受欢迎的教材,"
"提供 Python 语言实例源代码、Python 语言函数手册等。")
#不推荐的写法
s=" Python 实例教程是一本很容受欢迎的教材,\
提供 Python 语言实例源代码、Python 语言函数手册等。"
```

注意:此编程规范适用于绝大多数情况,但以下两种情况除外。
① 导入模块的语句过长。
② 注释中的 URL。

(4) 使用必要的空行可以增加代码的可读性,通常在顶级定义(如函数或类的定义)
之间空两行,而方法定义之间空一行,另外在用于分隔某些功能的位置也可以空一行。

(5) 通常情况下,在运算符两侧、函数参数之间以及逗号两侧,都建议使用空格进行
分隔,如下所示。

```
#推荐的写法
i = i + 1
submitted += 1
```

```
x = x * 2 - 1
hypot2 = x * x + y * y
c = (a + b) * (a - b)
#不推荐的写法
i=i+1
submitted +=1
x = x*2 - 1
hypot2 = x * x + y* y
c = (a+b) * (a-b)
```

（6）函数的参数列表中，","之后要有空格。

```
#推荐的写法
def complex(real, imag):
    pass
#不推荐的写法
def complex(real,imag):
    pass
```

（7）函数的参数列表中，默认值等号两边不要添加空格。

```
#推荐的写法
def complex(real, imag=0.0):
    pass
#不推荐的写法
def complex(real, imag = 0.0):
    pass
```

（8）左括号之后、右括号之前不要加多余的空格。

```
#推荐的写法
spam(ham[1], {eggs: 2})
#不推荐的写法
spam( ham[1], { eggs : 2 } )
```

（9）字典对象的左括号之前不要加多余的空格。

```
#推荐的写法
dict['key'] = list[index]
#不推荐的写法
dict ['key'] = list [index]
```

（10）不要为对齐赋值语句而使用额外的空格。

```
#推荐的写法
x = 1
y = 2
long_variable = 3
#不推荐的写法
x             = 1
y             = 2
long_variable = 3
```

以上就是初学者应该遵循的部分 Python 编码规范，如果想了解更多 PEP 8 的详细信息，可访问 PEP 8 官方网站。

2.2　Python 关键字与标识符

2.2.1　Python 关键字

关键字是 Python 语言中一些已经被赋予特定意义的单词，它们也是 Python 的保留字。开发程序时，不可以把这些关键字作为变量、函数、类、模块和其他对象的名称来使用。Python 包含的关键字可以通过执行如下命令进行查看。

```
01    import keyword
02    keyword.kwlist
```

运行结果如下。

```
['False', 'None', 'True', 'and', 'as', 'assert', 'break', 'class', 'continue',
 'def', 'del', 'elif', 'else', 'except', 'finally', 'for', 'from', 'global', 'if',
 'import', 'in', 'is', 'lambda', 'nonlocal', 'not', 'or', 'pass', 'raise',
 'return', 'try', 'while', 'with', 'yield']
```

Python 语言中的关键字如表 2.1 所示。

表 2.1　Python 语言中的关键字

and	as	assert	break	class	continue
def	del	elif	else	except	finally
for	from	False	global	if	import
in	is	lambda	nonlocal	not	None
or	pass	raise	return	try	True
while	with	yield			

需要注意的是，Python 是严格区分大小写的，关键字也不例外。例如，if 是关键字，但 IF 就不是关键字。在实际开发中，如果使用 Python 中的关键字作为标识符，则在结果中会提示 invalid syntax 的错误信息，以下代码使用了 Python 关键字 if 作为变量的名称。

```
01    if = "我爱学习 Python 课程"
02    print(if)
```

执行以上程序时会出现如图 2.4 所示的错误提示信息。

2.2.2　Python 标识符

简单地理解，标识符就是一个名字，它的主要作用就是作为变量、函数、类、模块以及其他对象的名称。

```
study ×
D:\test\venv\Scripts\python.exe D:/test/study.py
  File "D:\test\study.py", line 1
    if = "我爱学习Python课程"
       ^
SyntaxError: invalid syntax

Process finished with exit code 1
```

图 2.4　使用 Python 关键字作为变量名时的错误信息

Python 中标识符的命名不是随意的,而是要遵守一定的命令规则,例如:

(1) 标识符是由字符(A～Z 和 a～z)、下画线和数字组成,但第一个字符不能是数字。

(2) 标识符不能和 Python 中的关键字相同。

(3) Python 中的标识符中,不能包含空格、@、%以及 $ 等特殊字符。

例如,下面所列举的标识符是合法的。

```
UserID   password   mode12   user_age
```

以下命名的标识符是不合法的。

```
7word        #不能以数字开头
if           #if 是关键字,不能作为标识符
$money       #不能包含特殊字符
```

在 Python 中,标识符中的字母是严格区分大小写的,也就是说,两个同样的单词,如果大小写格式不一样,代表的意义也是完全不同的。比如,下面这 3 个变量就是完全独立、毫无关系的,它们彼此之间是相互独立的个体。

```
number = 5
Number = 5
NUMBER = 5
```

Python 语言中,以下画线开头的标识符有特殊含义,例如:

(1) 以单下画线开头的标识符(如 _width)表示不能直接访问的类属性,其无法通过 from...import * 的方式导入。

(2) 以双下画线开头的标识符(如__add)表示类的私有成员。

(3) 以双下画线作为开头和结尾的标识符(如 __init__)是专用标识符。

因此,除非特定场景需要,应避免使用以下画线开头的标识符。

另外需要注意的是,Python 允许使用汉字作为标识符,例如:

```
我的名字 = "Jack"
```

但应尽量避免使用汉字作为标识符。

标识符的命名,除了要遵守以上几条规则外,不同场景中的标识符,其名称也有一定的规范可循,例如:

(1) 当标识符用作模块名时,应尽量短小,并且全部使用小写字母,可以使用下画线

分割多个字母,例如 game_mian、game_register 等。

(2) 当标识符用作包的名称时,应尽量短小,并且全部使用小写字母,不推荐使用下画线,推荐用英文句点分隔,如 com.mr、com.mr.book 等。

(3) 当标识符用作类名时,应采用单词首字母大写的形式。例如,定义一个学生类,可以命名为 Student。

(4) 模块内部的类名,可以采用"下画线+首字母大写"的形式,如_Student。

(5) 函数名、类中的属性名和方法名,应全部使用小写字母,多个单词之间可以用下画线分割。

(6) 常量命名应全部使用大写字母,单词之间可以用下画线分割。

有读者可能会问,如果不遵守这些规范,会怎么样呢? 答案是程序照样可以运行,但遵循以上规范的好处是,可以更加直观地了解代码所代表的含义,以 Student 类为例,可以很容易就猜到此类与学生有关,虽然将类名改为 a(或其他)不会影响程序运行,但通常不这么做。

2.3 Python 中的变量

任何编程语言都需要处理数据,比如数字、字符串、字符等,可以直接使用数据,也可以将数据保存到变量中,方便以后使用。

变量(variable)可以看作一个小箱子,专门用来"盛装"程序中的数据。每个变量都拥有独一无二的名字,通过变量的名字就能找到变量中的数据。从底层看,程序中的数据最终都要放到内存中,变量其实就是这块内存的名字。你不需要知道信息存储在内存中的准确位置,只需要记住存储变量时所用的名字,再调用这个名字就可以了。

盒子里的东西是可以变化的,也就是说,可以把盒子里原来的东西取出来,再把其他的东西放进去。例如,将这个盒子(变量)命名为 box,在其中放入数字 23。那么,以后就可以用 box 来引用这个变量,它的值就是 23。当把 23 从盒子中取出,再放入另一个数字 45 时,如果此后再引用变量 box,它的值就变成 45 了,如图 2.5 所示。

图 2.5 变量说明示意图

提示:变量是存储在内存中的值。这就意味着,当创建变量时,会在内存中开辟一个空间。根据变量的数据类型,解释器会分配指定的内存,并决定什么数据可以存储在内存中。因此,可以为变量指定不同的数据类型,这些变量可以存储整数、小数或字符等。

和变量相对应的是常量(constant),它们都是用来"盛装"数据的小箱子,不同的是,变量保存的数据可以被多次修改,而常量一旦保存某个数据之后就不能修改了。

2.3.1　Python 变量命名规范

变量名可以包括字母、数字、下画线,但是数字不能作为变量的开头。例如,name1 是合法的变量名,而 1name 就不是,如下所示。

```
>>> name1=5 #合法的变量名
>>> 1name=3 #不合法的变量名,出现如图 2.6 所示的错误
```

```
D:\test\venv\Scripts\python.exe D:/test/study.py
  File "D:\test\study.py", line 1
    1name = 3
         ^
SyntaxError: invalid syntax

Process finished with exit code 1
```

图 2.6　名称有误提示

可以看到,当变量名称有问题时,会出现红色的错误提示 SyntaxError：invalid syntax,这表示出现了语法错误。Python 的变量名是区分大小写的,例如,name 和 Name 被看作两个不同的变量,而不是相同的变量。

如下所示,变量 name 中的内容是"John",变量 Name 中的内容是"Johnson",这是两个不同的量。

```
>>> name="John"
>>> Name="Johnson"
```

另外,也不要将 Python 的关键字和函数名作为变量名使用。例如,如果用关键字 if 当作变量并且为它赋值,系统就会报错。

变量名不能包含空格,但可以使用下画线来分隔其中的单词。例如,变量名 greeting_message 是可以的,但变量名 greeting message 会引发错误。

Python 变量的命名规则总结如下。

(1) 变量名可以由字母、数字和下画线组成,但是不能以数字开头。

(2) 变量不能与关键字重名。

(3) 变量名是区分大小写的。

(4) 变量名不能包含空格,但可以使用下画线来分隔其中的单词。

通常,人们习惯于变量以小字母开头,除了第一个单词外,其他单词的首字母都大写,如 myAge。

除了上述变量命名方法外,骆驼拼写法也很常用。就是将每个单词首字母大写,如 MyAge。之所以把这种拼写方法叫作骆驼拼写法,是因为这种形式看上去有点像骆驼的驼峰。

2.3.2　Python 变量的赋值

在编程语言中,将数据放入变量的过程称为赋值(assignment)。Python 中的变量赋

值不需要类型声明。每个变量在内存中创建,都包括变量的标识、名称和数据这些信息。每个变量在使用前都必须赋值,变量赋值以后该变量才会被创建。等号(=)用来给变量赋值。=运算符左边是一个变量名,=运算符右边是存储在变量中的值。几乎在 Python 代码的任何地方都能使用变量。

例如,下面的语句将整数 10 赋值给变量 n。

```
n = 10
```

从此以后,n 就代表整数 10,使用 n 也就是使用 10。

更多赋值的例子如下。

```
pi = 3.1415926              #将圆周率赋值给变量 pi
url = "http://www.baidu.com"   #将百度的网址赋值给变量 url
real = True                 #将布尔值赋值给变量 real
```

变量的值不是一成不变的,它可以随时被修改,只要重新赋值即可;另外用户也不用关心数据的类型,可以将不同类型的数据赋值给同一个变量。例如:

```
n = 10                      #将 10 赋值给变量 n
n = 95                      #将 95 赋值给变量 n
n = 200                     #将 200 赋值给变量 n
abc = 12.5                  #将小数赋值给变量 abc
abc = 85                    #将整数赋值给变量 abc
abc = "欢迎学习 Python 课程"    #将字符串赋值给变量 abc
```

注意:变量的值一旦被修改,之前的值就被覆盖,不复存在了。换言之,变量只能容纳一个值。

除了赋值单个数据,也可以将表达式的运行结果赋值给变量,例如:

```
sum = 34 + 67              #将加法的结果赋值给变量
rem = 25 * 30 % 5          #将余数赋值给变量
str = "我爱学习" + "Python 编程课程"   #将字符串拼接的结果赋值给变量
```

Python 还允许同时为多个变量赋值。例如:

```
a = b = c = 1
```

以上实例创建了一个整型对象,值为 1,三个变量被分配到相同的内存空间上。

Python 也可以为多个对象指定多个变量。例如:

```
a, b, c = 1, 2, "john"
```

以上实例将两个整型对象 1 和 2 分别分配给变量 a 和 b,字符串对象"john"分配给变量 c,中间以逗号分隔。

提示:在强类型的编程语言中,定义变量时要指明变量的类型,而且赋值的数据也必须是相同类型的,C 语言、C++、Java 是强类型语言的代表。和强类型语言相对应的是弱类型语言,Python、JavaScript、PHP 等脚本语言一般都是弱类型的。弱类型语言有两个特点。

（1）变量无须声明就可以直接赋值，对一个不存在的变量赋值就相当于定义了一个新变量。

（2）变量的数据类型可以随时改变，比如，同一个变量可以被赋值为整数，也可以被赋值为字符串。

但是弱类型并不等于没有类型！弱类型是指在书写代码时不用刻意关注类型，但是在编程语言的内部仍然是有类型的。可以使用 type( )内置函数类检测某个变量或者表达式的类型，图 2.7 所示代码的执行结果如图 2.8 所示。

```
num = 10
print(type(num))
num = 15.8
print(type(num))
num = 20 + 15j
print(type(num))
print(type(3*15.6))
```

```
D:\test\venv\Scripts\python.exe D:/test/study.py
<class 'int'>
<class 'float'>
<class 'complex'>
<class 'float'>

Process finished with exit code 0
```

图 2.7　判断变量类型　　　　　　　　图 2.8　执行结果

2.3.3　Python 的数值型变量及相互转化

在内存中存储的数据可以有多种类型。例如，一个人的姓名可以用字符型存储，年龄可以使用数值型存储，是否党员可以使用布尔型存储。这里的字符型、数值型、布尔型都是 Python 语言中提供的基本数据类型。首先来看数值型类型。生活中，经常使用数字记录比赛得分、公司的销售数据和网站的访问量等信息。Python 提供了数字类型用于保存这些数值，并且它们是不可改变的数据类型。如果修改数字类型变量的值，那么会先把该值存放到内存中，然后修改变量让其指向新的内存地址。

Python 3 支持 int、float、bool、complex（复数）。在 Python 3 中，只有一种整数类型 int，表示为长整型，没有 Python 2 中的 Long。像大多数语言一样，数值类型的赋值和计算都是很直观的。int 通常被称为整型或整数，就是没有小数部分的数字，Python 中的整数包括正整数、0 和负整数。浮点型由整数部分与小数部分组成。复数由实数部分和虚数部分构成，可以用 a+bj，或者 complex(a,b)表示，复数的实部 a 和虚部 b 都是浮点型。bool 类型只有 True（真）和 False（假）两种取值，因为 bool 继承了 int 类型，即在这两种类型中 True 可以等价于数值 1，False 可以等价于数值 0，并且可以直接使用 bool 值进行数学运算。

之所以要进行数据转换是因为有时候做一些运算或实现其他功能时，现有的数据的类型与所需要的有所差异。如下案例所示。

【例 2-1】　输入三个人的体重值，根据这三个值求他们的体重和，代码如下。

```
01  frist_person = input("第一个人的体重: ")
02  second_person = input("第二个人的体重: ")
03  third_person = input("第三个人的体重: ")
04  #不转换数据类型得到的结果
05  Sum_1 = frist_person + second_person + third_person
```

```
06   print(Sum_1)
07   #转换数据类型得到的结果
08   Sum_2 = int(frist_person) + int(second_person) + int(third_person)
09   print(Sum_2)
```

程序执行结果如图 2.9 所示。

```
D:\test\venv\Scripts\python.exe D:/test/study.py
第一个人的体重: 45
第二个人的体重: 78
第三个人的体重: 67
457867
190

Process finished with exit code 0
```

图 2.9　程序执行结果

如图 2.9 所示,第一个输出结果 457867 是没有转换数据类型的输出结果,显然是不符合要求的,而转换后的结果是符合要求的。虽然 Python 不需要先声明变量的类型,但有时仍然需要用到类型转换。如例 2-1 中所示,不进行数据类型转换就会出错。表 2.2 就是数据类型转换的函数及函数的作用。

表 2.2　函数说明

函　　　数	作　　　用
int(x)	将 x 转换成整数类型
float(x)	将 x 转换成浮点数类型
complex(real[,imag])	创建一个复数
str(x)	将 x 转换为字符串
bool(x)	将 x 转换为布尔值
repr(x)	将 x 转换为表达式字符串
eval(str)	计算在字符串中的有效 Python 表达式,并返回一个对象
chr(x)	将整数 x 转换为一个字符
ord(x)	将一个字符 x 转换为它对应的整数值
hex(x)	将一个整数 x 转换为一个十六进制字符串
oct(x)	将一个整数 x 转换为一个八进制字符串

【例 2-2】　本例演示 int() 函数的转换,代码如图 2.10 所示。

```
>>> int(2.78);int(0.123);int(-1.34);int()#浮点数转换成整型
2
0
-1
0
>>> int(True);int(False)#布尔型转换成整型
1
0
>>> int(1+23j)          #复数转换成整型
Traceback (most recent call last):
  File "<pyshell#2>", line 1, in <module>
    int(1+23j)          #复数转换成整型
TypeError: can't convert complex to int
>>>
```

图 2.10　int() 函数的转换

从图 2.10 中可以看到,运行结果都很简单,首先看浮点数转换成整数的结果,可以看到浮点数转换成整数的过程中,只是简单地将小数部分剔除,保留整数部分,int 空的结果为 0;布尔类型转换成整型时,bool 的值 True 被转换成整数 1,False 被转换成整数 0;复数没办法转换成整型。

【例 2-3】 本例演示 bool()函数的转换,代码如图 2.11 所示。

```
>>> bool(1);bool(2);bool(0)              #整型转换成布尔类型
True
True
False
>>> bool(1.0);bool(4.3);bool(0.0)        #浮点数转换成布尔类型
True
True
False
>>> bool(1+33j);bool(33j)                #复数转换成布尔类型
True
True
>>> bool();bool("");bool([]);bool(());bool({})#各种类型的空值转换成布尔型
False
False
False
False
False
```

图 2.11   bool()函数的转换

从整数、浮点数、复数转换成布尔型的结果可以看出:非 0 数值转布尔型都为 True,数值 0 转布尔型为 False,此外,用 bool()函数分别对空、空字符、空列表、空字典或者空集合转换时结果都为空,如果是非空,结果是 True(除去非数值 0 的情况)。

提示:在 Python 中,一行多条语句在短语句中应用得比较广泛。使用分号(;)可以对多条短语句实现隔离,从而在同一行实现多条语句。在上述实例中就是一行多条语句的应用。

2.3.4 字符串数据的创建与基本操作

字符串是 Python 中最常用的数据类型。字符串就是连续的字符序列(这和在大多数编程语言中是一样的),可以是计算机所能表示的一切字符的集合,可以包含字母、数字、标点和空格。把字符串放在引号中,这样 Python 就会知道字符串从哪里开始到哪里结束。在 Python 中,字符串属于不可变序列,通常使用单引号'、双引号"、三引号'''或"""括起来。这 3 种引号形式在语义上没有差别,只是在形式上有些差别。其中单引号和双引号中的字符序列必须在一行上,而三引号内的字符序列可以分布在连续的多行上。

提示:这里的单引号和双引号都是英文(半角字符)的单引号和双引号,且字符串开始和结尾使用的引号形式必须一致。

1. 字符串的创建

【例 2-4】 定义 3 个字符串类型变量,并且应用 print()方法输出。

```
01 str1='我喜欢 Python 课程!'            #使用单引号,字符串内容必须在一行
02 str2="Python 是一门非常火热的语言。"    #使用双引号,字符串内容必须在一行
03 #使用三引号,字符串内容可以分布在多行
```

```
04 str3 =''' Our destiny offers not the cup of despair,
05 but the chance of opportunity. '''
06 print(str1)
07 print(str2)
08 print(str3)
```

程序执行结果如图 2.12 所示。

```
D:\test\venv\Scripts\python.exe D:/test/study.py
我喜欢Python课程!
Python是一门非常火热的语言。
Our destiny offers not the cup of despair,
but the chance of opportunity.

Process finished with exit code 0
```

图 2.12   使用 3 种形式定义字符串

提示：在 Python 中，如果把一个数字放在引号中，它会被视为字符串。正如前面提到的，字符串就是一连串的字符（即使其中偶尔有一些字符是数字），如 numberEight＝8 和 stringEight＝"8"，其中 numberEight 是数字，stringEight 是字符串。

2. 字符串的操作

1) 转义字符

Python 中的字符串还支持转义字符。所谓转义字符是指使用反斜杠"\"对一些特殊字符进行转义。常用的转义字符及其说明如表 2.3 所示。

表 2.3   常用的转义字符及其说明

转义字符	说　　明
\（在行尾时）	续行符
\\	反斜杠符号
\'	单引号
\"	双引号
\a	响铃
\b	退格（Backspace）
\e	转义
\000	空
\n	换行
\v	纵向制表符
\t	横向制表符
\r	回车
\f	换页
\oyy	八进制数，y 代表 0～7 的字符，例如，\012 代表换行
\xyy	十六进制数，以 \x 开头，yy 代表字符，例如，\x0a 代表换行
\other	其他的字符以普通格式输出

举个简单的例子,用单引号标识一个字符串时,如果该字符串中又含有一个单引号,如'What's wrong with you?',Python 将不能辨识这段文字从何处开始,又在何处结束。此时需要用到转义符,即上面表中的(\),使单引号只是纯粹的单引号,不具备任何其他作用。

【例 2-5】 转义字符应用。

如果直接打印输出上述'What's wrong with you?',则会出现错误,如图 2.13 所示。

```
D:\test\venv\Scripts\python.exe D:/test/study.py
  File "D:\test\study.py", line 1
    str1='What's wrong with you?'
                ^
SyntaxError: invalid syntax

Process finished with exit code 1
```

图 2.13 未转义的语法错误

如果改为'What\'s wrong with you?',再打印输出会显示正确的结果"What's wrong with you?"。

提示:如果用双引号标识一个包含单引号的字符串,则不需要转义符,但是如果其中包含一个双引号,则需要转义,另外反斜杠可以用来转义其本身。

2)字符串的换行

Python 不是格式自由的语言,它对程序的换行、缩进都有严格的语法要求。要想换行书写一个比较长的字符串,必须在行尾添加反斜杠\,请看下面的例子。

```
01  s2 = 'It took me six months to write this Python tutorial. \
02  Please give me more support. \
03  I will keep it updated.'
```

上面 s2 字符串比较长,所以使用了转义字符\对字符串内容进行了换行,这样就可以把一个长字符串写成多行。

3)Python 原始字符串

转义字符有时候会带来一些麻烦,例如要表示一个包含 Windows 路径 D:\Program Files\Python 3.9\python.exe 的字符串,在 Python 程序中直接这样写肯定是不行的,不管是普通字符串还是长字符串。因为\的特殊性,需要对字符串中的每个\都进行转义,也就是写成 D:\\Program Files\\Python 3.9\\python.exe 这种形式才行。但是这种写法需要特别谨慎,稍有疏忽就会出错。为了解决转义字符的问题,Python 支持原始字符串。在原始字符串中,\不会被当作转义字符,所有的内容都保持"原汁原味"的样子。在普通字符串或者长字符串的开头加上 r 前缀,就变成了原始字符串,语法格式如下。

```
str1 = r'原始字符串内容'
str2 = r"""原始字符串内容"""
```

例如,可将上面的 Windows 路径改写成原始字符串的形式。

```
path = r'D:\Program Files\Python 3.9\python.exe'
print(path)
```

如果普通格式的原始字符串中出现引号,程序同样需要对引号进行转义,否则 Python 照样无法对字符串的引号精确配对;但是和普通字符串不同的是,此时用于转义的反斜杠会变成字符串内容的一部分。例如:

```
str1 = r'I\'m a great coder! '
print(str1)
```

以上代码的执行结果如下。

```
I\'m a great coder!
```

需要注意的是,Python 原始字符串中的反斜杠仍然会对引号进行转义,因此原始字符串的结尾处不能是反斜杠,否则字符串结尾处的引号会被转义,导致字符串不能正确结束。

在 Python 中有两种方式解决这个问题:一种方式是改用长字符串的写法,不要使用原始字符串;另一种方式是单独书写反斜杠,这是接下来要重点说明的。

例如,想表示 D:\Program Files\Python 3.9\,可以这样写:

```
str1 = r'D:\Program Files\Python 3.9' '\\'
print(str1)
```

这里先写了一个原始字符串 r'D:\Program Files\Python 3.9',紧接着又使用'\\'写了一个包含转义字符的普通字符串,Python 会自动将这两个字符串拼接在一起,所以上面代码的输出结果如下。

```
D:\Program Files\Python 3.9\
```

由于这种写法涉及字符串拼接的相关知识,这里读者只需要了解即可,后续会对字符串拼接做详细介绍。

4) Python 字符串格式化

Python 支持格式化字符串的输出,尽管这样可能会用到非常复杂的表达式,最基本的用法是将一个值插入一个有字符串格式符 %s 的字符串中。print()函数使用以%开头的转换说明符对各种类型的数据进行格式化输出,具体如表 2.4 所示。

表 2.4　Python 转换说明符

转换说明符	说　　明
%d、%i	转换为带符号的十进制整数
%o	转换为带符号的八进制整数
%x、%X	转换为带符号的十六进制整数
%e	转化为科学计数法表示的浮点数(e 小写)
%E	转化为科学计数法表示的浮点数(E 大写)
%f、%F	转化为十进制浮点数
%g	智能选择使用 %f 或 %e 格式

转换说明符	说　　明
%G	智能选择使用 %F 或 %E 格式
%c	格式化字符及其 ASCII 码
%r	使用 repr() 函数将表达式转换为字符串
%s	使用 str() 函数将表达式转换为字符串

【例 2-6】 输出一个整数。

```
01 year = 8
02 print("信息学院已经成立% d年了!"%  year)
```

运行结果如下。

```
信息学院已经成立 8 年了!
```

在 print() 函数中,由引号包围的是格式化字符串,它相当于一个字符串模板,可以放置一些转换说明符(占位符)。本例的格式化字符串中包含一个%d 说明符,它最终会被后面的 age 变量的值所替代。中间的%是一个分隔符,它的前面是格式化字符串,后面是要输出的表达式。

当然,格式化字符串中也可以包含多个转换说明符,这时也必须提供多个表达式,用于替换对应的转换说明符;多个表达式必须使用小括号( )包围起来。请看下面的例子。

【例 2-7】 输出字符串和整数。

```
print("My name is %s and weight is %d kg!" % ('Zara', 21) )
```

运行结果如下。

```
My name is Zara and weight is 21 kg!
```

总之,有几个占位符,后面就必须写几个表达式。

5) Python 字符串运算符

表 2.5 中列出了字符串的一些常用运算符,为了操作方便,将实例变量 a 赋值为字符串"Hello",b 变量赋值为"Python"。

表 2.5　Python 字符串运算符

运算符	说　　明	示　　例
+	连接运算符,使用+连接两个字符串时,会将第二个字符串附加到第一个字符串的末尾,生成一个新的字符串,多个字符串可以拼接,也可以截取字符串的一部分并与其他字符串拼接,与数值运算的"+"运算符意义不同	print(a+b) 'HelloPython'
*	重复运算符,用于重复输出同一字符串 i 次,i 由运算符后面的操作数指定	print(a * 2) 'HelloHello'

续表

运算符	说　　明	示　　例
[]	Python不支持单字符类型,单字符在Python中也是作为一个字符串使用,通过索引获取字符串中指定位置的字符,访问单个字符的语法如下:str[index],str是字符串的变量名称,index是想要访问的字符对应的偏移量,偏移量是正值,范围从0到字符串长度减1	print(a[1])用于提取第二个字符'e'
[:]	Python访问子字符串,可以使用方括号来截取字符串,就是截取字符串中的一部分,称为字符串切片,"[:]"运算符语法如下: str[start:end],str是字符串的变量名称,start是起始索引,end是终止索引,该运算符访问包括start在内到end(不包括end)的所有字符	print(a[1:4])用于截取下标1到下标4的字符串'ell'
in	成员运算符——如果字符串中包含给定的字符或者字符串,则返回True,否则返回False	print("H" in a)True
not in	成员运算符——如果字符串中不包含给定的字符或者字符串,则返回True,否则返回False	print("M" not in a)True

2.4　Python 运算符

　　Python 中的运算符主要分为算术运算符、比较(关系)运算符、赋值运算符、逻辑运算符、位运算符、成员运算符和身份运算符共 7 大类,运算符之间也是有优先级的。

1. 算术运算符

　　算术运算符用于在两个操作数之间执行算术运算。Python 的算术运算符共有 7 个,如表 2.6 所示。

表 2.6　Python 的算术运算符

运算符	描　　述	操　　作
+	两个数相加,或字符串连接	print(5+4) 9
-	两个数相减	print(5.8-3) 2.8
*	两个数相乘,或返回一个重复若干次的字符串	print(5 * 4) 20
/	两个数相除,结果为浮点数(小数)	print(2 / 4) 0.5
//	两个数相除,结果为向下取整的整数	print(2 // 4) 0
%	取模,返回两个数相除的余数	print(17 % 3) 2
**	幂运算,返回乘方结果	print(2 ** 5) 32

2. 关系运算符

关系运算符用于比较两个操作数的值,并相应地返回布尔值 True 或 False。Python 的关系运算符共 6 个,如表 2.7 所示。示例操作中,a＝1,b＝2。

表 2.7　Python 的关系运算符

运算符	说　明	示　例
==	比较两个对象是否相等	print(a == b) False
!=	比较两个对象是否不相等	print(a != b) True
>	大小比较,例如 x＞y 将比较 x 和 y 的大小,如 x 比 y 大,返回 True,否则返回 False	print(a>b) False
<	大小比较,例如 x＜y 将比较 x 和 y 的大小,如 x 比 y 小,返回 True,否则返回 False	print(a<b) True
>=	大小比较,例如 x＞＝y 将比较 x 和 y 的大小,如 x 大于或等于 y,返回 True,否则返回 False	print(a>=b) False
<=	大小比较,例如 x＜＝y 将比较 x 和 y 的大小,如 x 小于或等于 y,返回 True,否则返回 False	print(a<=b) True

3. 赋值运算符

赋值运算符用于将右表达式的值赋给左操作数。Python 的赋值运算符共 8 个,如表 2.8 所示。示例操作中,a＝2,b＝3。

表 2.8　Python 的赋值运算符

运算符	说　明	示　例
=	常规赋值运算符,将运算结果赋值给变量	a=2 b=3
+=	加法赋值运算符,例如 a+＝b 等效于 a＝a+b	a+=b print(a) 5
-=	减法赋值运算符,例如 a-＝b 等效于 a＝a-b	a-=b print(a) -1
*=	乘法赋值运算符,例如 a*＝b 等效于 a＝a*b	a*=b print(a) 6
/=	除法赋值运算符,例如 a/＝b 等效于 a＝a/b	b/=a print(b) 1.5
%=	取模赋值运算符,例如 a%＝b 等效于 a＝a%b	a%=b print(a) 2

续表

运算符	说　　明	示　　例
**=	幂运算赋值运算符,例如 a**=b 等效于 a=a**b	a**=b print(a) 8
//=	取整除赋值运算符,例如 a//=b 等效于 a=a//b	a//=b print(a) 0

4. 逻辑运算符

逻辑运算符主要用于表达式求值以做出决策。Python 的逻辑运算符共 3 个,如表 2.9 所示。示例操作中,a=True,b=False。

表 2.9　Python 的逻辑运算符

运算符	说　　明	示　　例
and	布尔"与"运算符,返回两个变量"与"运算的结果	print(a and b) False
or	布尔"或"运算符,返回两个变量"或"运算的结果	print(a or b) True
not	布尔"非"运算符,返回对变量"非"运算的结果	print(not(a and b)) True

5. 位运算符

按位运算符对两个操作数的值执行逐位操作。Python 的位运算符共 6 个,如表 2.10 所示。示例操作中,a=55(二进制值为 0011 0111),b=11(二进制值为 0000 1011)。

表 2.10　Python 的位运算符

运算符	说　　明	示　　例
&	按位与运算符,对参与运算的两个值,如果两个相应位都为 1,则结果为 1,否则为 0	print(a&b) 3
|	按位或运算符,对参与运算的两个值,只要对应的两个二进制位有一个为 1 时,结果就为 1	print(a|b) 63
^	按位异或运算符,对参与运算的两个值,当对应的二进制位相异时,结果为 1	print(a^b) 60
~	按位取反运算符,对数据的每个二进制位取反,即把 1 变为 0,把 0 变为 1	print(~a) −56
<<	左移运算符,运算数的各二进制位全部左移若干位,由<<右边的数指定移动的位数,高位丢弃,低位补 0	print(a<<3) 440
>>	右移运算符,将运算数的各二进制位全部右移若干位,由>>右边的数指定移动的位数	print(a>>3) 6

6. 成员运算符

Python 成员运算符用于检查数据结构中的值的成员。如果该值存在于数据结构中，则结果值为 True，否则返回 False。Python 的成员运算符共 2 个，如表 2.11 所示。示例操作中，a＝1，b＝20，list1＝[1，2，3，4，5]。

表 2.11　Python 的成员运算符

运算符	说　　明	示　　例
in	当在指定的序列中找到值时返回 True，否则返回 False	print(a in list1) True
not in	当在指定的序列中没有找到值时返回 True，否则返回 False	print(b not in list1) True

7. 身份运算符

Python 的身份运算符共 2 个，如表 2.12 所示。示例操作中，a＝12，b＝12，c＝45。

表 2.12　Python 的身份运算符

运算符	说　　明	示　　例
is	判断两个标识符是否引用自同一个对象，若引用的是同一个对象则返回 True，否则返回 False	print(a is b) True
is not	判断两个标识符是不是引用自不同对象，若引用的不是同一个对象则返回 True，否则返回 False	print(a is not c) True

8. 运算符优先级

运算符优先级很重要，因为它规定了应该首先执行哪个运算符。上述 34 个 Python 运算符优先级从高到低排序如表 2.13 所示。

表 2.13　Python 运算符优先级

运　算　符	名　　称	优先级
＊＊	幂	高
～	按位取反	
＊、/、％、//	乘、除、取模、取整除	
＋、－	加、减	
>>、<<	右移、左移	
&	按位与	
^、|	按位异或、按位或	
<=、<、>、>=	关系运算符	
==、!=	等于、不等于	
=、％=、/=、//=、－=、＋=、＊=、＊＊=	赋值运算符	
is、is not	身份运算符	
in、not in	成员运算符	
and、or、not	逻辑运算符	低

2.5   Python 的输入/输出函数

在前面的章节中,我们其实已经接触了 Python 的输入/输出功能。本节将具体介绍 Python 的输入/输出。Python 的输入/输出既独特又容易理解。我们需要了解输入/输出的多种用法,熟练地掌握输入/输出对于日后的学习至关重要。

1. 输入函数 input()

Python 使用 input()函数来存入用户输入的信息。input()的使用规则比较简单,因为 Python 在使用变量时不需要提前定义,所以在需要输入信息时只要给定一个变量名即可直接输入,即将用户在终端的输入存放到一个变量中,并且 input()的返回值是字符串 string,如图 2.14 所示。

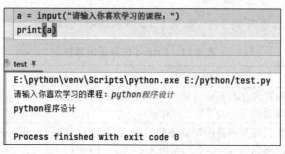

图 2.14   input()函数应用

语法格式如下。

```
变量名=input("指引信息")
```

下面通过几个例子来看一下这个 input()函数的用法。

【例 2-8】 input()函数的应用。

```
01  a = input('输出你的专业: ')
02  b = input('输入你的姓名:')
03  c = input('输入你的生日: ')
04  d = input('输入你最喜欢的课程: ')
05  e = input('输入你最喜欢的数字:')
06  print("你的专业:",a)
07  print('你的姓名:',b)
08  print('你的生日:',c)
09  print('你喜欢的课程和数字分别为:',d,e)
```

程序运行结果如图 2.15 所示。

需要注意的是,如果是简单的直接使用 input()函数,输入的内容均会以字符串的格式保存下来。接下来可以在输入之后直接指定输入内容的类型。

图 2.15　例 2-8 程序运行结果

例如：

```
a=int(input('我最喜欢的数字：'))
b=float(input('我认为适宜的温度：'))
print(a,type(a))#先输出内容,然后通过 type()函数查看类型。
print(b,type(b))
```

程序运行结果如图 2.16 所示。

图 2.16　程序运行结果

2. 输出函数 print()

通过以上实例,可以知道输出就是用 print()函数来实现。
例如：

```
>>> print('hello kitty')
```

print()也可接收多个参数,参数间使用逗号隔开,例如：

```
>>> print('hello','kitty')
hello kitty
```

可以看到字符串合并输出后,中间会默认使用空格隔开。print()函数除了可以接收字符串外,还可以接收其他的数据类型,可以在函数中直接输出 1+2 的值,也可以输出 1*2 等运算。可以用 print 来直接输出条件表达式,也可以直接输出/输入内容。

```
>>> print(1)                    #接收整数
1
```

```
>>> print(1+2)                #表达式
3
>>> print([1,2,3])            #列表
[1, 2, 3]
>>> print({'a':1,'b':2})      #字典
{'a': 1, 'b': 2}
>>> print(input("输入内容:"))
输入内容:123456
123456
```

2.6 项目训练

1. 模拟管理员登录教务系统功能

模拟管理员登录教务系统功能。如果用户名为 admin 且密码为 123456,则输出"登录教务系统成功!",否则输出"登录教务系统失败!",参考代码如下。

```
01  username=input("请输入您的用户名: ")
02  password=input("请输入您的密码: ")
03  if username=="admin" and password=="123456":
04      print("登录教务系统成功!")
05  else:
06      print("登录教务系统失败!")
```

程序运行结果如图 2.17 所示。

```
E:\python\venv\Scripts\python.exe E:/python/shixun1.1.py
请输入您的用户名: admin
请输入您的密码: 123456
登录教务系统成功!

Process finished with exit code 0
```

图 2.17 模拟管理员登录教务系统功能

2. 计算跑步消耗的卡路里

根据体重、运动时间以及指数 K 计算跑步消耗的热量值。由于运行距离不一样,指数 K 的值不同,如下所示。

1 小时跑步不超过 8 公里,$K=0.135\,5$。

1 小时跑步不超过 12 公里,$K=0.179\,7$。

1 小时跑步超过 12 公里,$K=0.187\,5$。

计算跑步热量的公式如下:

$$\text{跑步热量(kcal)} = \text{体重(kg)} \times \text{运动时间(分钟)} \times \text{指数 } K$$

指数 K 取值为 $0.179\,7$,请编辑程序计算跑步消耗的热量,参考代码如下。

```
01   weight=float(input("请输入运动者体重(单位：kg)："))
02   t=float(input("请输入运动时间(单位：分钟)："))
03   K=0.1797
04   kcal = weight * t * K
05   print("您运动所消耗的卡路里是：",kcal,"千卡")
```

程序运行结果如图 2.18 所示。

```
E:\python\venv\Scripts\python.exe E:/python/shixun2.2.py
请输入运动者体重(单位：kg)：68
请输入运动时间（单位：分钟）：40
您运动所消耗的卡路里是：　488.784 千卡

Process finished with exit code 0
```

图 2.18　跑步消耗卡路里程序运行结果

2.7　本章小结

Python 相比于其他编程语言更加优雅简单，在使用中既保持了其他语言风格的基本特点，又有自己独特的使用方法。本章介绍了 Python 的固定语法，从 Python 固定语法中就可以发现其独特的地方。读者掌握好这部分内容，对于将来处理更复杂的程序是有很大帮助的。下面总结一下本章涉及的具体知识点。

（1）Python 固定语法主要体现在编码声明、注释、多行语句、行与缩进、标识符与关键符 5 个方面。学习 Python，固定语法是基础之基础，只有掌握了固定语法，对于后续的知识运用、代码管理、调试才可以得心应手。

（2）Python 变量赋值属于地址传递，两个值相同的变量事实上都指向同一地址，可以用身份运算符进行检验。

（3）Python 3 的数据类型包含 4 个子类，分别是 int、float、bool、complex，每种子类之间既相互联系又互相独立。

（4）同一级别的代码只需要保持对齐即可，对于不同级别的代码进行缩进，这样就能区分开代码执行的逻辑。

（5）Python 3 的字符类型可由单引号、双引号、三引号（3 个单引号或者 3 个双引号）进行标识。同时，对于字符串的索引取值、切片、拼接的操作，Python 3 都有自己内置的方法可以简单操作。

（6）Python 一共有 7 种类型的操作符，即算术运算符、比较运算符、赋值运算符、位运算符、逻辑运算符、成员运算符和身份运算符。一个表达式可以包含一个或多个运算符，这时需要严格遵守运算符优先级进行运算。

（7）Python 3 中程序的输入输出是通过内置函数 input()和 print()来实现的，程序执行到 input()函数会显示提示信息，由用户输入内容（比如用键盘和鼠标输入），input()的返回值是字符串 string，print()会依次打印每个字符串，遇到逗号","就会输出一个空格。

习题 2

1. 单项选择题

(1) 想要输出"人生苦短,我用 Python",应该使用(   )函数。

    A. printf()　　　　B. print()　　　　C. println()　　　　D. Print()

【答案】　B

【难度】　中等

【解析】　print()方法用于打印当前窗口的内容。调用 print()方法所引发的行为就像用户单击浏览器的"打印"按钮。

(2) Python 单行注释的符号是(   )。

    A. //　　　　　　B. #　　　　　　C. "..."　　　　　D. """..."""

【答案】　B

【难度】　中等

【解析】　Python 使用#表示单行注释的开始,跟在#后面直到这行结束为止的代码都将被解释器忽略。单行注释就是在程序中注释一行代码,在 Python 程序中将#放在需要注释的内容之前即可。

(3) 在 Python 中,关于=和==的描述错误的是(   )。

    A. =是赋值运算符

    B. ==是比较运算符

    C. =不能判断是否相等

    D. =和==都是用于判断是否相等的

【答案】　D

【难度】　中等

【解析】　=是赋值运算符,不是比较运算符。

(4) 运行下面的输出语句,会输出(   )。

```
print(3+2*3)
```

    A. 3+2*3　　　　B. 6　　　　　C. 9　　　　　　D. 3

【答案】　C

【难度】　容易

【解析】　略。

(5) 不是合法的 Python 变量名的是(   )。

    A. q　　　　　　B. user　　　　C. 119　　　　　D. qwer110

【答案】　C

【难度】　容易

【解析】　变量名可以包括字母、数字、下画线,但是数字不能作为开头。

(6) 将一个整数 x 转换成一个八进制的字符串,需要用的方法是(   )。

　　　A. int x　　　　　　B. int(x)　　　　　C. oct(x)　　　　　D. oct x

【答案】　C

【难度】　容易

【解析】　oct()函数将一个整数转换成八进制字符串。

(7) 以下选项中,不是 Python 语言关键字的是(　　)。

　　　A. while　　　　　　B. pass　　　　　　C. do　　　　　　D. except

【答案】　C

【难度】　中等

【解析】　略。

(8) 关于 Python 语言的注释,以下选项中描述错误的是(　　)。

　　　A. Python 语言有两种注释方式:单行注释和多行注释

　　　B. Python 语言的单行注释以♯开头

　　　C. Python 语言的多行注释以'''(三个单引号)开头和结尾

　　　D. Python 语言的单行注释以单引号'开头

【答案】　D

【难度】　容易

【解析】　Python 使用♯表示单行注释的开始,跟在♯后面直到这行结束为止的代码都将被解释器忽略。单行注释就是在程序中注释一行代码,在 Python 程序中将♯放在需要注释的内容之前即可。

(9) 在一行上写多条 Python 语句使用的符号是(　　)。

　　　A. 点号　　　　　　B. 冒号　　　　　　C. 分号　　　　　　D. 逗号

【答案】　C

【难度】　容易

【解析】　Python 可以同一行显示多条语句,方法是用分号";"分开。

(10) 以下选项中,不是 Python 数据类型的是(　　)。

　　　A. 实数　　　　　　B. 列表　　　　　　C. 整数　　　　　　D. 字符串

【答案】　A

【难度】　容易

【解析】　略。

(11) 关于 Python 程序中与"缩进"有关的说法中,以下选项中正确的是(　　)。

　　　A. 缩进统一为 4 个空格

　　　B. 缩进可以用在任何语句之后,表示语句间的包含关系

　　　C. 缩进在程序中长度统一且强制使用

　　　D. 缩进是非强制性的,仅为了提高代码可读性

【答案】　D

【难度】　中等

【解析】　Python 中实现对代码的缩进,可以使用空格或者 Tab 键。但无论是按空格键还是 Tab 键,通常情况下都是采用 4 个空格长度作为一个缩进量(默认情况下,一个

Tab 键就表示 4 个空格),对于 Python 缩进规则,初学者可以这样理解,Python 要求属于同一作用域中的各行代码的缩进量必须一致,但具体缩进量为多少,并不做硬性规定。

(12) 利用 print()格式化输出,能够控制浮点数的小数点后两位输出的是(　　)。

    A. {.2}   B. {:.2f}   C. {:.2}   D. {.2f}

【答案】　B

【难度】　容易

【解析】　略。

(13) 下面代码的输出结果是(　　)。

```
x=10
y=3
print(x% y,x**y)
```

    A. 1 1000   B. 3 30   C. 3 1000   D. 1 30

【答案】　A

【难度】　容易

【解析】　%是取余运算符,**是幂运算符。

(14) 以下代码的输出结果是(　　)。

```
x=10
y=4
print(x/y,x//y)
```

    A. 2 2.5   B. 2.5 2.5   C. 2.5 2   D. 2 2

【答案】　C

【难度】　容易

【解析】　略。

(15) 下面代码的输出结果是(　　)。

```
a = 2
b = 2
c = 2.0
print(a == b, a is b, a is c)
```

    A. True False False   B. True False True

    C. False False True   D. True True False

【答案】　D

【难度】　容易

【解析】　略。

(16) 在 Python 中,关于/和//的描述正确的是(　　)。

    A. /的计算结果可以带小数   B. //的计算结果可以带小数

    C. /和//的计算结果相等   D. 以上都不对

【答案】　A

【难度】　容易

【解析】　"/"为浮点数除法,返回浮点结果,"//"表示整数除法,返回不大于结果的一个最大整数。

(17) 汽车以 60km/h 的速度匀速行驶,以下代码的输出结果是(　　　)。

```
speed = 60
hour = 1
hour +=2
print (str(hour)+"小时后,汽车行驶了"+str(speed * hour)+"千米")
```

　　　A. 1 小时后,汽车行驶了 60 千米

　　　B. 2 小时后,汽车行驶了 120 千米

　　　C. 3 小时后,汽车行驶了 180 千米

　　　D. 4 小时后,汽车行驶了 240 千米

【答案】　C

【难度】　容易

【解析】　略。

(18) 以下不是 Python 的注释方式的是(　　　)。

　　　A. #注释一行　　　　　　　　　　B. #注释第一行#注释第二行

　　　C. //注释第一行　　　　　　　　　D. """Python 文档注释"""

【答案】　C

【难度】　容易

【解析】　Python 编程语言的单行注释常以#开头,单行注释可以作为单独的一行放在被注释代码行之上,也可以放在语句或者表达式之后。Python 中多行注释使用三个单引号(''')或者三个双引号(""")来标记,而实际上这是多行字符串的书写方式,并不是 Python 本身提倡的多行注释方法。

(19) 以下是 print('\nPython')语句运行结果的是(　　　)。

　　　A. 在新的一行输出:Python

　　　B. 直接输出:'\nPython'

　　　C. 直接输出:\nPython

　　　D. 先输出 n,然后在新的一行输出 Python

【答案】　A

【难度】　容易

【解析】　略。

(20) 下面代码的输出结果是(　　　)。

```
a=b=c=123
print(a,b,c)
```

　　　A. 0 0 123　　　　　　　　　　　　B. 出错

　　　C. 1 1 123　　　　　　　　　　　　D. 123 123 123

【答案】　D

【难度】　容易

【解析】　略。

2. 判断题

(1) Python 代码的注释只有一种方式,那就是使用 ♯ 符号。(　　)

　　A. 正确　　　　　　　　B. 错误

【答案】　B

【难度】　容易

【解析】　Python 编程语言的单行注释常以 ♯ 开头,单行注释可以作为单独的一行放在被注释代码行之上,也可以放在语句或者表达式之后。Python 中多行注释使用三个单引号("")或者三个双引号(""")来标记,而实际上这是多行字符串的书写方式,并不是 Python 本身提倡的多行注释方法。

(2) Python 使用缩进来体现代码之间的逻辑关系。(　　)

　　A. 正确　　　　　　　　B. 错误

【答案】　A

【难度】　容易

【解析】　Python 使用缩进来体现代码之间的逻辑关系,对缩进的要求非常严格。Python 语言通过缩进来组织代码块,这是 Python 的强制要求。在代码前放置空格来缩进语句即可创建语句块,语句块中的每行必须是同样的缩进量。

(3) 在 Python 中可以使用 if 作为变量名。(　　)

　　A. 正确　　　　　　　　B. 错误

【答案】　B

【难度】　容易

【解析】　变量不能使用 Python 关键字。

(4) Python 一共有 7 种类型的操作符,是算术运算符、比较运算符、赋值运算符、位运算符、逻辑运算符、成员运算符和身份运算符。(　　)

　　A. 正确　　　　　　　　B. 错误

【答案】　A

【难度】　中等

【解析】　略。

(5) input() 的返回值是字符串 string。(　　)

　　A. 正确　　　　　　　　B. 错误

【答案】　A

【难度】　较难

【解析】　input() 函数返回的数据是字符串类型。

(6) Python 不允许使用关键字作为变量名,允许使用内置函数名作为变量名,但这会改变函数名的含义。(　　)

　　A. 正确　　　　　　　　B. 错误

【答案】　A

【难度】　中等

【解析】　在 Python 中,一切皆对象,函数名表示的是函数的引用对象,只要是对象就可以当作变量进行使用。

(7) print()是标准输出函数。(　　　)

　　A. 正确　　　　　　　　　　B. 错误

【答案】　A

【难度】　容易

【解析】　print()是标准输出函数,可以使用 help()函数查看其详细用法和参数。

(8) Python 变量名区分大小写,所以 student 和 Student 不是同一个变量。(　　　)

　　A. 正确　　　　　　　　　　B. 错误

【答案】　A

【难度】　容易

【解析】　Python 的变量名是区分大小写的,例如,name 和 Name 就是两个变量名,而非相同变量。

3. 简答题

(1) Python 的运算符有哪些? 请分别说明各自功能。

Python 中运算符分为以下 7 类。

算术运算符:主要用于两个对象算数计算(加减乘除等运算)。

比较(关系)运算符:用于两个对象比较(判断是否相等、大于等运算)。

赋值运算符:用于对象的赋值,将运算符右边的值(或计算结果)赋给运算符左边。

逻辑运算符:用于逻辑运算(与或非等)。

位运算符:对 Python 对象进行按位存储的 bit 操作。

成员运算符:判断一个对象是否包含另一个对象。

身份运算符:判断是不是引用自一个对象。

(2) Python 的关键字有哪些? 如何查询?

在 Python 中若想查询有哪些关键字,可以先导入 keyword 模块。

```python
import keyword                    #导入关键字模块
print(keyword.kwlist)            #查询所有关键字
```

执行结果如下。

```
['False', 'None', 'True', '__peg_parser__', 'and', 'as', 'assert', 'async',
 'await', 'break', 'class', 'continue', 'def', 'del', 'elif', 'else', 'except',
 'finally', 'for', 'from', 'global', 'if', 'import', 'in', 'is', 'lambda',
 'nonlocal', 'not', 'or', 'pass', 'raise', 'return', 'try', 'while', 'with',
 'yield']
```

第 3 章

Python 内置的数据结构

学习目标

（1）掌握列表的使用方法。

（2）掌握元组的使用方法。

（3）掌握集合的使用方法。

（4）掌握字典的使用方法。

数据结构（data structure）是计算机中存储、组织数据的方式，是带有结构特性的、封装了相应操作的数据元素的集合。数据结构包含数据的逻辑结构（线性结构、非线性结构等）和数据的存储结构（顺序存储、链式存储、索引存储、散列存储等）以及相关的操作。

数据类型是一个值的集合以及定义在该值集合上的一组操作（增、删、改、查等）的总称。

在编程中，数据类型是一个重要的概念。变量可以存储不同类型的数据，并且不同的类型可以执行不同的操作。Python 常用内置数据类型如表 3.1 所示。

表 3.1　Python 常用内置数据类型

类 型 说 明	类 型 名
数值类型	int（整型），float（浮点型），complex（复数）
布尔类型	bool
字符串类型	str
序列类型	list（列表），tuple（元组），range
映射类型	dict（字典）
集合类型	set（集合），frozenset（不可变集合）

可以使用 type() 方法获取任何对象的数据类型。

【例 3-1】　使用 type() 函数获取对象类型。

程序代码如下。

```
01    >>> x='a'
02    >>> type(x)
      <class 'str'>
```

```
03    >>> x=[1,2,3]
04    >>> type(x)
      <class 'list'>
```

可以使用 isinstance()函数来判断对象是否为指定类型。

【例 3-2】 使用 isinstance()函数判断对象类型。

程序代码如下。

```
01    >>> x={}
02    >>> isinstance(x,dict)
      True
03    >>> isinstance(x,set)
      False
```

Python 常用的数据类型中,列表、元组、集合、字典、字符串是序列结构的。序列结构数据结构的分类如下。

(1) 依据序列是否有序,可以分为有序序列和无序序列

有序序列包括列表(list)、元组(tuple)、字符串(str),有序序列的元素位置有特定的顺序,可以使用整数索引来访问指定位置元素,有序序列支持切片操作。

无序序列包括集合(set、frozenset)、字典(dict),无序序列的元素位置顺序随机,不能使用索引来访问元素,无序序列不支持切片操作。

(2) 依据序列是否可变,可以分为可变序列和不可变序列

可变序列包括列表(list)、可变集合(set)和字典(dict),可变序列可以直接对数据对象的内容进行修改,支持元素的添加、修改、删除等操作。

不可变序列包括元组(tuple)、字符串(str)、不可变集合(frozenset),不可变序列不允许直接对数据对象的内容进行修改,不支持元素的添加、修改和删除等改变对象自身的操作。

3.1 列表

3.1.1 列表的概念与特性

列表(list)由一系列按特定顺序排列的元素组成,在内存中占用一块有序的、连续的内存空间。

列表的形式如下。

```
[元素 1,元素 2,元素 3,...,元素 n]
```

说明:

(1) 列表的所有元素都放在一对方括号中。

(2) 列表的元素之间用逗号分隔。

(3) 列表的每一个元素都有自己的位置编号,称为索引。

(4) 列表中的元素的数据类型可以相同,也可以各不相同。

（5）列表元素可以是数字、字符、字符串、列表、元组、字典等。

（6）不包含任何列表元素的列表（[]）称为空列表。

（7）列表是有序序列，支持用整数索引来访问指定位置的元素，支持切片操作。

（8）列表是可变数据类型，支持元素的添加、修改、删除等操作。

3.1.2　列表的创建

创建列表的方式有以下几种。

1. 使用"[]"创建列表

将列表元素用"[]"括起来，就创建了一个列表常量。将列表常量赋值给变量，就创建了一个列表对象。

【例 3-3】　使用"[]"创建列表。

程序代码如下。

```
01    >>> mylist1=[]                    #创建空列表
02    >>> mylist2=[1,2,3]
03    >>> mylist3=[1,'a','abc',(3,5),[4,5],{6,7},{'a':1,'b':2}]
```

2. 使用 list()函数创建列表

使用 list()函数，可以将任意可遍历对象转化为列表。语法格式如下。

```
list(obj)
```

说明：

（1）obj 为可选参数，必须是可遍历对象，省略该参数时创建空列表。

（2）list()方法返回一个列表。

【例 3-4】　使用 list()函数创建列表。

程序代码如下。

```
01    >>> list()                        #创建空列表
      []
02    >>> list((1,2))                   #利用已有元组创建列表
      [1, 2]
03    >>> list({3,4,5})                 利用已有集合创建列表
      [3, 4, 5]
04    >>> list("Hello world")           #利用已有字符串创建列表
      ['H', 'e', 'l', 'l', 'o', ' ', 'w', 'o', 'r', 'l', 'd']
```

3. 使用列表推导式创建列表

列表推导式是对区间、元组、列表、字典和集合等可遍历对象进行遍历、过滤或计算，快速创建一个满足指定需求的列表。语法格式如下。

```
[表达式 for 遍历变量列表 in 可遍历对象 [if 条件表达式]]
```

说明：

（1）表达式用来计算列表元素的值。

（2）内部的 for 循环用来遍历可遍历对象。

（3）[if 条件表达式]是可选参数，用来筛选满足条件的元素。

【例 3-5】　使用列表推导式创建列表。

程序代码如下。

```
01    >>> mylist1=[x*2 for x in (1,2,3)]              #将元组每个元素*2,生成列表
02    >>> mylist1
      [2, 4, 6]
03    >>> mylist1=[x*2 for x in [1,2,3] if(x>=2)]     #大于等于2的元素*2,生成列表
04    >>> mylist1
      [4, 6]
05    >>> mylist1=[x for x in [1,2,3,4,5,6,7] if(x%2==0)]       #偶数创建新的列表
06    >>> mylist1
      [2, 4, 6]
07    >>> mylist1=[x*x for x in range(5)]             #利用range区间创建列表
08    >>> mylist1
      [0, 1, 4, 9, 16]
```

列表推导式可以嵌套，语法格式如下。

```
[表达式   for 变量 1 in 序列 1[if 条件 1]
         for 变量 2 in 序列 2[if 条件 2]
         ...
         for 变量 n in 序列 n[if 条件 n]
]
```

【例 3-6】　使用嵌套的列表推导式创建列表。

程序代码如下。

```
01    >>> mylist1=[x for x in (1,2,3,4) if(x%2==0)]    #(1,2,3,4)的偶数生成列表
02    >>> mylist2=[y for y in (5,6,7,8,9,10) if(y%2==1)]
                                                  #(5,6,7,8,9,10)的奇数生成列表
03    >>> mylist1
      [2, 4]
04    >>> mylist2
      [5, 7, 9]
      #将列表1中的每个元素和列表2中的每个元素相加,生成列表3
05    >>> mylist3=[x+y for x in (1,2,3,4) if(x%2==0) for y in (5,6,7,8,9,10) if
          (y%2==1)]
06    >>> mylist3
      [7, 9, 11, 9, 11, 13]
```

3.1.3　列表元素的访问

列表是有序序列，可以使用索引或切片访问列表元素。

1. 索引

通过指定下标(整数)的方式来获得某一个数据元素,指定的下标(整数)即索引。
Python 语言支持双向索引。从左到右索引时,索引值从 0 开始,后续依次为 1、2、3、4、…。
从右到左索引时,索引值从 -1 开始,后续依次为 -2、-3、-4、…。Python 中的有序序
列(列表、元组、字符串)都可以通过索引进行访问。

【例 3-7】 通过索引访问、修改指定列表元素。

程序代码如下。

```
01    >>>mylist=list("Hello world")
02    >>> mylist
['H', 'e', 'l', 'l', 'o', ' ', 'w', 'o', 'r', 'l', 'd']
03    >>> mylist[0]                    #从左到右第1个元素
'H'
04    >>> mylist[1]                    #从左到右第2个元素
'e'
05    >>>mylist[-1]                    #从右到左第1个元素
'd'
06    >>> mylist[-11]                  #从右到左第11个元素
'H'
07    >>> mylist[0]='h'               #修改从左到右的第1个元素
08    >>> mylist[-5]='W'              #修改从右到左的第5个元素
09    >>> mylist
['h', 'e', 'l', 'l', 'o', ' ', 'W', 'o', 'r', 'l', 'd']
```

说明:

(1)正索引和负索引的示意图如图 3.1 所示。

正向索引	0	1	2	3	4	5	6	7	8	9	10
	H	e	l	l	o		w	o	r	l	d
负向索引	-11	-10	-9	-8	-7	-6	-5	-4	-3	-2	-1

图 3.1 双向索引图

(2)利用索引进行访问时,无论是使用正索引还是使用负索引,都必须在索引范围
内,否则会产生异常。

【例 3-8】 超出索引范围列表的索引访问。

程序代码如下。

```
01    >>> mylist=list("Hello world")
02    >>> mylist[11]
```

运行结果如图 3.2 所示。

```
Traceback (most recent call last):
  File "<pyshell#36>", line 1, in <module>
    mylist[11]
IndexError: list index out of range
```

图 3.2 超出索引范围索引访问错误

2. 切片

切片是对序列型对象的一种高级索引方法,普通的索引只能取出序列中一个下标对应的元素,而切片可以通过指定下标范围来获得一组序列的元素,下标范围为一组整数值。语法格式如下。

```
[start:end:step]
```

说明:

(1) 下标范围从 start(包括 start)开始,以 step 为步长取值,到 end(不包括 end)结束。

(2) start:起始索引。该参数省略时,表示从对象"端点"开始取值,至于是从"起点"还是从"终点"开始,则由 step 参数的正负决定,step 为正时从"起点"开始,为负时从"终点"开始。

(3) end:终止索引(不包含该索引对应值)。该参数省略时,表示一直取到数据"端点",至于是到"起点"还是到"终点",同样由 step 参数的正负决定,step 为正时直到"终点",为负时直到"起点"。

(4) step:步长。正负数均可,其绝对值大小决定了切取数据时的"步长",而正负决定了"切取方向"。正表示"从左往右"取值,负表示"从右往左"取值。当 step 省略时,默认为 1,即从左往右以步长 1 取值。step 不能为 0。

【例 3-9】 使用切片访问列表元素。

程序代码如下。

```
01      >>>mylist=list("Hello world")
02      >>> mylist
        ['H', 'e', 'l', 'l', 'o', ' ', 'w', 'o', 'r', 'l', 'd']
03      >>> mylist[1:5]         #获取第 1、2、3、4 个元素,step 默认为 1
        ['e', 'l', 'l', 'o']
04      >>>mylist[0:8:2]        #获取第 0、2、4、6 个元素
        ['H', 'l', 'o', 'w']
05      >>>mylist[0:100]        #切片允许索引超出范围
        ['H', 'e', 'l', 'l', 'o', ' ', 'w', 'o', 'r', 'l', 'd']
06      >>>mylist[5:3]          #从左到右,获取第 5 个元素至第 3 个元素间的元素
        []
07      >>>mylist[:]            #获取所有元素,省略 start、end、step
        ['H', 'e', 'l', 'l', 'o', ' ', 'w', 'o', 'r', 'l', 'd']
08      >>>mylist[::-1]         #从右到左,获取所有元素,即列表翻转
        ['d', 'l', 'r', 'o', 'w', ' ', 'o', 'l', 'l', 'e', 'H']
09      >>>mylist[-1:-5:-1]     #从右到左,获取倒数第 1、2、3、4 个元素
        ['d', 'l', 'r', 'o']
10      >>>mylist[-1:-5:-2]     #从右到左,获取倒数第 1、3 个元素
        ['d', 'r']
11      >>> mylist[-100:100]    #切片允许索引超出范围
        ['H', 'e', 'l', 'l', 'o', ' ', 'w', 'o', 'r', 'l', 'd']
12      >>>mylist[-5::1]        #从左到右,获取倒数 5 个元素
        ['w', 'o', 'r', 'l', 'd']
13      >>>mylist[-7:0:-1]      #从右到左,获取倒数第 7 个至正数第 1 个元素
        ['o', 'l', 'l', 'e']
```

注意：

（1）step 为正整数时，切片方向为从左到右，start 应该在 end 左侧；step 为负整数时，切片方向为从右到左，start 应该在 end 右侧。

（2）start、end、step 都可以省略，省略 step 时还可以同时省略最后一个冒号，第一个冒号不可以省略。

（3）切片操作允许索引超出索引范围。若切片索引为负数且小于第 1 个元素的索引值，则切片操作将其当作 0（包括 0）；若切片索引为正数且大于最后一个元素的索引值，则切片操作将其当作—1（包括—1）。

3. 切片的使用

1）使用切片获取多个元素

【例 3-10】 使用切片获取多个元素。

程序代码如下。

```
01    >>> mylist=[9,8,6,1,2,7,5,4]
02    >>> mylist
      [9, 8, 6, 1, 2, 7, 5, 4]
03    >>> mylist[1:6]              #获取第 1~5 个元素
      [8, 6, 1, 2, 7]
04    >>> mylist[:]               #获取全部元素
      [9, 8, 6, 1, 2, 7, 5, 4]
05    >>> mylist[::2]             #获取偶数位置元素
      [9, 6, 2, 5]
06    >>> mylist[1::2]           #获取奇数位置元素
      [8, 1, 7, 4]
07    >>> mylist[:3]             #获取前 3 个元素
      [9, 8, 6]
08    >>> mylist[-3:]            #获取后 3 个元素
      [7, 5, 4]
09    >>> mylist[::-1]           #反向获取所有元素
      [4, 5, 7, 2, 1, 6, 8, 9]
```

2）使用切片修改多个元素

【例 3-11】 使用切片修改多个元素。

程序代码如下。

```
01    >>> mylist=[0,1,2,3,4,5,6]
02    >>> mylist
      [0, 1, 2, 3, 4, 5, 6]
03    >>> mylist[1:2]=[11,22]
04    >>> mylist
      [0, 11, 22, 2, 3, 4, 5, 6]
05    >>> mylist[0:3]=[1]
06    >>> mylist
      [1, 2, 3, 4, 5, 6]
```

3）使用切片添加多个元素

【例 3-12】　使用切片添加多个元素。

程序代码如下。

```
01    >>> mylist=[0,1,2,3,4,5,6]
02    >>> mylist
      [0, 1, 2, 3, 4, 5, 6]
03    >>> mylist[:0]=[-2,-1]              #表头添加元素
04    >>> mylist
      [-2, -1, 0, 1, 2, 3, 4, 5, 6]
05    >>> mylist[3:3]=[88,888]            #表中某一位置添加元素
06    >>> mylist
      [-2, -1, 0, 88, 888, 1, 2, 3, 4, 5, 6]
07    >>> mylist[len(mylist):]=[99,999]   #表尾添加元素
08    >>> mylist
      [-2, -1, 0, 88, 888, 1, 2, 3, 4, 5, 6, 99, 999]
```

4）使用切片删除多个元素

【例 3-13】　使用切片删除多个元素。

程序代码如下。

```
01    >>> mylist=[0,1,2,3,4,5,6]
02    >>> mylist
      [0, 1, 2, 3, 4, 5, 6]
03    >>> mylist[1:5]                     #获取第 1、2、3、4 个元素
      [1, 2, 3, 4]
04    >>> mylist[1:5]=[]                  #删除第 1、2、3、4 个元素
05    >>> mylist
      [0, 5, 6]
```

3.1.4　列表的操作

列表对象具有大量的方法，可以直接用来操作列表对象，如表 3.2 所示。

表 3.2　列表对象的常用方法

方　　法	说　　明
append(x)	将 x 追加至列表尾部
extend(L)	将列表 L 中所有元素追加至列表尾部
insert(index,x)	在列表 index 位置处插入 x，该位置后面的所有元素后移并且在列表中的索引加 1，如果 index 为正数且大于列表长度，则在列表尾部追加 x，如果 index 为负数且小于列表长度的相反数，则在列表头部插入元素 x
remove(x)	在列表中删除第一个值为 x 的元素，该元素之后所有元素前移并且索引减 1，如果列表中不存在 x，则抛出异常
pop([index])	删除并返回列表中下标为 index 的元素，如果不指定 index，则默认为 −1，弹出最后一个元素；如果弹出中间位置的元素，则后面的元素索引减 1；如果 index 不是 [−L,L] 区间上的整数，则抛出异常

方　法	说　明
clear()	清空列表,删除列表中所有元素,保留列表对象
index(x)	返回列表中第一个值为 x 的元素的索引,若不存在值为 x 的元素,则抛出异常
count(x)	返回 x 在列表中出现的次数
reverse()	对列表所有元素进行原地逆序,首尾交换
sort(key＝None,reverse＝False)	对列表中的元素进行原地排序,key 用来指定排序规则,reverse 为 False 时表示升序,为 True 时表示降序

1. 列表元素的添加

1) 使用切片添加元素

参考例 3-12。

2) 使用 append()方法添加元素

append()方法用于向列表尾部追加一个元素,语法格式如下。

```
list.append(obj)
```

说明:

(1) obj 是添加到列表末尾的对象,可以是任何类型(字符串、数字、对象等)。

(2) append()方法只能向列表尾部追加一个元素。

【例 3-14】 使用 append()方法添加元素。

程序代码如下。

```
01    >>> mylist=[1,2]
02    >>> mylist
      [1, 2]
03    >>> mylist.append(3)        #向列表尾部追加一个整数元素
04    >>> mylist.append('a')      #向列表尾部追加一个字符元素
05    >>> mylist.append([1,2])    #向列表尾部追加一个列表元素
06    >>> mylist
      [1, 2, 3, 'a', [1, 2]]
```

3) 使用 insert()方法添加元素

insert()方法用于将指定对象插入到列表的指定位置,语法格式如下。

```
list.insert(index, obj)
```

说明:

(1) index 是对象 obj 需要插入的索引位置,必须是整数。

(2) obj 是要插入列表中的对象,可以是任何类型(字符串、数字、对象等)。

(3) 如果 index 为正数且大于列表长度,则在列表尾部追加 obj;如果 index 为负数且小于列表长度的相反数,则在列表头部插入元素 obj。

【例 3-15】　使用 insert()方法添加元素。

程序代码如下。

```
01    >>> mylist=[1,2,3,4]
02    >>> mylist
      [1, 2, 3, 4]
03    >>> mylist.insert(2,'abc')   #在第 2 个位置插入字符串元素
04    >>> mylist
      [1, 2, 'abc', 3, 4]
05    >>> mylist.insert(-5,0)      #在倒数第 5 个位置插入 0
06    >>> mylist
      [0, 1, 2, 'abc', 3, 4]
07    >>> mylist.insert(15,100)    #index 大于列表长度,则在列表尾部追加
08    >>> mylist
      [0, 1, 2, 'abc', 3, 4, 100]
09    >>> mylist.insert(-15,200)   #index 小于列表长度的相反数,则在列表头部插入
      >>> mylist
      [200, 0, 1, 2, 'abc', 3, 4, 100]
```

4）使用 extend()方法或＋＝运算符添加元素

extend()方法用于在列表末尾一次性追加另一个序列中的多个值,语法格式如下。

```
list.extend(obj)
```

说明：

（1）obj 是可遍历对象,可以是任何可遍历对象（列表、集合、元组等）。

（2）extend()方法用于在列表末尾追加元素,不能指定位置。

【例 3-16】　使用 extend()方法添加元素。

程序代码如下。

```
01    >>> mylist=[1,2]
02    >>> mylist
      [1, 2]
03    >>> temp=[3,4]
04    >>> mylist.extend(temp)          #在表尾添加列表的元素
05    >>> mylist
      [1, 2, 3, 4]
06    >>> temp=('a','b')
07    >>> mylist.extend(temp)          #在表尾添加元组的元素
08    >>> mylist
      [1, 2, 3, 4, 'a', 'b']
09    >>> temp={8,9}
10    >>> mylist.extend(temp)          #在表尾添加集合的元素
11    >>> mylist
      [1, 2, 3, 4, 'a', 'b', 8, 9]
12    >>> mylist+=[11,22]              #使用+=追加元素
13    >>> mylist
      [1, 2, 3, 4, 'a', 'b', 8, 9, 11, 22]
```

2. 列表元素的修改

1) 使用索引修改单个元素

参考例 3-7。

2) 使用切片修改多个元素

参考例 3-11。

3. 列表元素的删除

1) 使用切片删除多个元素

参考例 3-13。

2) 使用 pop()方法删除一个元素

pop()方法用于移除列表中的一个元素(默认最后一个元素),并且返回该元素的值,语法格式如下。

```
list.pop([index=-1])
```

说明：

(1) index 是可选参数,必须是整数,用来指定要移除列表元素的索引值,默认为 index=-1,删除最后一个列表值。

(2) index 必须在索引范围内,否则抛出异常。

(3) pop()方法返回从列表中删除的元素。

【例 3-17】 使用 pop()方法删除一个元素。

程序代码如下。

```
01    >>> mylist=[1,2,3,4,5]
02    >>> mylist
      [1, 2, 3, 4, 5]
03    >>> mylist.pop()              #默认弹出最后一个元素
      5
04    >>> mylist
      [1, 2, 3, 4]
05    >>> mylist.pop(2)             #弹出第 2 个元素
      3
06    >>> mylist
      [1, 2, 4]
07    >>> mylist.pop(-2)            #弹出倒数第 2 个元素
      2
08    >>> mylist.pop(4)             #超出索引范围
```

运行结果如图 3.3 所示。

```
Traceback (most recent call last):
  File "<pyshell#20>", line 1, in <module>
    mylist.pop(4)
IndexError: pop index out of range
```

图 3.3   pop 索引超出范围

3) 使用 remove()方法删除一个元素

remove()方法用于移除列表中某个值的第一个匹配项,语法格式如下。

```
list.remove(obj)
```

说明:

(1) obj 是列表中要移除的对象,可以是任何类型(字符串、数字、列表等)。如果列表中不存在 obj,则抛出异常。

(2) 如果有列表中有多个 obj,则删除第一个。

(3) remove()方法没有返回值。

【例 3-18】　使用 remove()方法删除一个元素。

程序代码如下。

```
01    >>> mylist=[1,2,3,4,2,3,4,5,2,3]
02    >>> mylist
      [1, 2, 3, 4, 2, 3, 4, 5, 2, 3]
03    >>> mylist.remove(2)                    #删除列表中第一个 2
04    >>> mylist
      [1, 3, 4, 2, 3, 4, 5, 2, 3]
05    >>> mylist.remove(6)                    #删除列表中不存在的元素
```

运行结果如图 3.4 所示。

```
Traceback (most recent call last):
  File "<pyshell#28>", line 1, in <module>
    mylist.remove(6)
ValueError: list.remove(x): x not in list
```

图 3.4　删除不存在元素

4) 使用 clear()方法删除所有元素

clear()方法用于移除列表中的所有元素,语法格式如下。

```
list.clear()
```

说明:

(1) clear()方法没有返回值。

(2) clear()方法没有参数。

【例 3-19】　使用 clear()方法删除列表中所有元素。

程序代码如下。

```
01    >>> mylist=[1,2,3]
02    >>> mylist.clear()
03    >>> mylist
      []
```

4. 列表元素的查找

1) 使用索引查找指定索引的元素

参考例 3-7。

2）使用切片查找指定索引范围的元素

参考例 3-9。

3）使用 index()方法查找指定元素在列表中首次出现的位置

语法格式如下。

```
list.index(obj[, start[, end]])
```

说明：

（1）obj 是要查找的对象，可以是任何类型（字符串、数字、列表等）。

（2）start 是可选参数，是查找的起始位置。

（3）end 是可选参数，是查找的结束位置。

（4）index()方法返回元素在列表中首次出现的索引值。

（5）若查找范围内没有 obj 对象，则抛出异常。

【例 3-20】　使用 index()方法查找指定元素在列表中首次出现的位置。

程序代码如下。

```
01    >>> mylist=[1,2,3,[5,6],'abc',2,3,[5,6]]
02    >>> mylist
      [1, 2, 3, [5, 6], 'abc', 2, 3, [5, 6]]
03    >>> mylist.index(2)                    #元素 2 首次出现的位置
      1
04    >>> mylist.index(2,2)                  #在位置 2 后首次出现 2 的位置
      5
05    >>> mylist.index(2,2,5)                #若指定范围没有指定元素,则抛出异常
```

运行结果如图 3.5 所示。

```
Traceback (most recent call last):
  File "<pyshell#33>", line 1, in <module>
    mylist.index(2,2,5)
ValueError: 2 is not in list
```

图 3.5　指定的范围中不存在指定的元素

4）使用 count()方法统计指定元素在列表中出现的次数

count()方法用于统计某个元素在列表中出现的次数，语法格式如下。

```
list.count(obj)
```

说明：

（1）obj 是列表中统计的对象，可以是任何类型（字符串、数字、列表、元组等）。

（2）如果 obj 在列表中，则返回指定元素出现的次数；如果 obj 不在列表中，则返回 0。

【例 3-21】　使用 count()方法统计指定元素在列表中出现的次数。

程序代码如下。

```
01    >>> mylist=[1,2,3,[5,6],'abc',2,3,[5,6]]
02    >>> mylist.count([5,6])                #列表[5,6]在列表中出现的次数
      2
```

```
03      >>> mylist.count(8)                        #数字 8 在列表中出现的次数
        0
```

3.1.5   列表的其他操作

1. 列表的排序和逆序

1) 使用 sort()方法对列表进行排序

sort()方法用于对原列表进行排序,语法格式如下。

```
list.sort(key=None, reverse=False)
```

说明:

(1) key 是可选参数,指定排序标准的方法。

(2) reverse 是可选参数,用于指定排序规则。reverse=True 为降序,reverse=False 为升序(默认)。

【例 3-22】   sort()方法中 reverse 参数的使用。

程序代码如下。

```
01      >>> mylist=[3,7,2,9,3]
02      >>> mylist.sort()                          #默认升序排序
03      >>> mylist
        [2, 3, 3, 7, 9]
04      >>> mylist=[3,7,2,9,3]
05      >>> mylist.sort(reverse=True)              #降序排序
06      >>> mylist
        [9, 7, 3, 3, 2]
```

【例 3-23】   sort()方法中 key 参数的使用。

程序代码如下。

```
01      >>> mylist = [(2, 2), (3, 4), (4, 1), (1, 3)]
02      >>> mylist.sort())                         #默认排序方式
03      >>> mylist
        [(1, 3), (2, 2), (3, 4), (4, 1)]
04      >>> mylist = [(2, 2), (3, 4), (4, 1), (1, 3)]
05      >>> def takeSecond(elem):                  #获取列表的第 2 个元素
        return elem[1]
06      >>> mylist.sort(key=takeSecond)            #指定第 2 个元素排序
07      >>> mylist
        [(4, 1), (2, 2), (1, 3), (3, 4)]
```

2) 使用 reverse()方法对列表进行反转

reverse()方法用于反转列表中的元素,语法格式如下。

```
list.reverse()
```

说明：

（1）reverse()方法没有返回值，将原列表反转。

（2）reverse()方法没有参数。

【例 3-24】 reverse()方法的使用。

程序代码如下。

```
01    >>> mylist=[3,7,2,9,3]
02    >>> mylist.reverse()                    #反转列表中的元素
03    >>> mylist
      [3, 9, 2, 7, 3]
```

2. 序列相关内置函数

Python 解释器自带的函数叫作内置函数，这些函数可以直接使用，不需要导入某个模块。

1）del()函数

del()函数可以用于删除指定索引（索引范围）的列表元素，语法格式如下。

```
del(list[index])              //指定索引
del(list[start:end:step])     //指定索引范围
```

说明：

（1）list 是列表名称。

（2）index 是要删除对象的索引位置，必须是整数。index 必须在索引范围内，否则会抛出异常。

（3）start、end、step 是起始索引、结束索引、步长，用于指定索引范围。

del()函数也可以用于删除整个列表（可遍历对象），语法格式如下。

```
del(obj)
del obj
```

说明： obj()是对象名称，可以是列表、元组、字典等类型。

【例 3-25】 del()函数的使用。

程序代码如下。

```
01    >>> mylist=[1,2,3,[5,6],'abc',2,3,[5,6]]
02    >>> del(mylist[2])              #删除列表中的第 2 个元素
03    >>> mylist
      [1, 2, [5, 6], 'abc', 2, 3, [5, 6]]
04    >>> del(mylist[1:10:2])         #删除[1,10]之间奇数位置的元素
05    >>> mylist
      [1, [5, 6], 2, [5, 6]]
06    >>> del mylist                  #删除整个列表对象
07    >>> mylist
```

运行结果如图 3.6 所示。

```
Traceback (most recent call last):
  File "<pyshell#46>", line 1, in <module>
    mylist
NameError: name 'mylist' is not defined
```

图 3.6　对象被删除后不能被访问

2) len()函数

len()函数返回对象(字符、列表、元组等)的长度或项目个数,语法格式如下。

```
len(obj)
```

说明:obj 是对象,可以是字符串、列表、元组等类型。

【例 3-26】　len()函数的使用。

程序代码如下。

```
01    >>> len('abc')                    #字符串的长度
      3
02    >>> len([1,2,3])                   #列表的长度
      3
```

3) max()函数

max()函数可以返回给定参数的最大值,参数可以为序列,语法格式如下。

```
max(x, y, z, ...)
```

说明:x、y、z 是数值表达式。

【例 3-27】　max()函数的使用。

程序代码如下。

```
01    >>> max(4,2,8,3)                  #获取几个元素中的最大值
      8
02    >>> max('cab','abc','bca')        #获取几个元素中的最大值
      'cab'
```

max()函数也可以返回指定序列的最大值,语法格式如下。

```
max(obj,key)
```

说明:

(1) obj 是求最大值的序列对象,可以是列表、元组、字典等。

(2) key 是可选参数,用于指定求最大值标准的方法。

【例 3-28】　用 max()函数求解指定序列的最大值。

程序代码如下。

```
01    >>> max([5,8,4])                            #列表元素中的最大值
      8
02    >>> max({'a':11,'c':10,'b':88}.values())    #字典元素值的最大值
      88
```

```
03      >>> max(['e','abc','de','fk'])              #列表元素中的最大值
        'fk'
04      >>> max(['e','abc','de','fk'],key=len)       #列表元素中长度最大的值
        'abc'
```

4) min()函数

min()函数返回给定参数的最小值,参数可以为序列,语法格式如下。

```
min(x, y, z, ...)
```

说明:x、y、z 是数值表达式。

【例 3-29】 min()函数的使用。

程序代码如下。

```
01      >>> min(4,2,8,3)                             #获取几个元素中的最小值
        2
02      >>> min('cab','abc','bca')                   #获取几个元素中的最小值
        'abc'
```

min()函数返回指定序列的最小值,语法格式如下。

```
min(obj,key)
```

说明:

(1) obj 是求最小值的序列对象,可以是列表、元组、字典等。

(2) key 是可选参数,用于指定求最小值标准的方法。

【例 3-30】 min()函数求解指定序列的最小值。

程序代码如下。

```
01      >>> min([5,8,4])                             #列表元素中的最小值
        4
02      >>> min({'a':11,'c':10,'b':88}.values())     #字典元素值的最小值
        10
03      >>> min(['e','abc','de','fk'])               #列表元素中的最小值
        'abc'
04      >>> min(['e','abc','de','fk'],key=len)       #列表元素中长度最小的值
        'e'
```

5) sum()函数

sum()函数对序列进行求和计算,语法格式如下。

```
sum(iterable[, start])
```

说明:

(1) iterable 是可遍历对象,如列表、元组、集合等。

(2) start 是可选参数,用于指定相加的参数,如果没有设置这个值,默认为 0。

【例 3-31】 sum()函数的使用。

程序代码如下。

```
01    >>> sum([1,2,3])                      #列表元素之和
      6
02    >>> sum({11:1,22:2,33:3}.values())    #字典元素值之和
      6
03    >>> sum([1,2,3],60)                   #列表元素之和再加 60
      66
```

6) sorted()函数

sorted()函数对任何可遍历的对象进行排序操作,并返回新的可遍历对象,语法格式如下。

```
sorted(iterable, key=None, reverse=False)
```

说明:

(1) iterable 是可遍历对象,如列表、元组、集合等。

(2) key 是可选参数,用于指定排序标准的方法。

(3) reverse 是可选,排序规则,reverse = True 为降序,reverse = False 为升序(默认)。

【例 3-32】　sorted()函数的使用。

程序代码如下。

```
01    >>> mylist=[3,7,2,9,3]
02    >>> sorted(mylist)                    #默认排序
      [2, 3, 3, 7, 9]
03    >>> mylist                            #排序后生成新列表,原列表不变
      [3, 7, 2, 9, 3]
04    >>> sorted(mylist,reverse=True)       #降序排列
      [9, 7, 3, 3, 2]
05    >>> mylist=['e','abc','de','fk']
06    >>> sorted(mylist)                    #默认排序
      ['abc', 'de', 'e', 'fk']
07    >>> sorted(mylist,key=len)            #将列表元素按长度升序排序
      ['e', 'de', 'fk', 'abc']
08    >>> mylist=[{'name':'a','age':20},{'name':'b','age':30},{'name':'c',
          'age':25}]
09    >>> sorted(mylist,key=lambda x:x['age'])
      [{'name': 'a', 'age': 20}, {'name': 'c', 'age': 25}, {'name': 'b', 'age': 30}]
```

注意:sort()与 sorted()的区别是,sort()是应用在列表上的方法,sorted()函数可以应用在任何可遍历对象上。应用在列表对象上时,sort()方法是对原列表进行操作,而内置方法 sorted()则返回一个新的列表,原列表保持不变。

7) reversed()方法

reversed()方法对任何可遍历的对象进行反转操作,返回一个反转的可遍历对象,语法格式如下。

```
reversed(seq)
```

说明:

(1) seq 用于指定要反转的序列,可以是列表、元组、字符串等。

(2) reversed()函数返回一个可遍历对象。

【例 3-33】 reversed()函数的使用。

程序代码如下。

```
01    >>> reversed("orutdhsA")                    #返回的是可遍历对象
      <reversed object at 0x00000000008501C0>
02    >>> list(reversed("orutdhsA"))              #反转字符串
      ['A', 's', 'h', 'd', 't', 'u', 'r', 'o']
03    >>> list(reversed((9,3,6,2)))               #反转元组
      [2, 6, 3, 9]
```

8) all()函数

all()函数用于判断给定的可遍历对象 iterable 中的所有元素是否全部为 True;如果是,则返回 True,如果有一个为 False,则返回 False。元素值除 0、0.0、空(None)、False 和空对象外都视为 True。语法格式如下。

```
all(iterable)
```

说明: iterable 用于指定可遍历的元组或列表。

【例 3-34】 all()函数的使用。

程序代码如下。

```
01    >>> all(['a', 'b', 'c', 'd'])               #列表 list,元素都不为空或 0
      True
02    >>> all(['a', 'b', '', 'd'])                #列表 list,存在一个为空的元素
      False
03    >>> all((0, 1, 2, 3))                       #元组 tuple,存在一个为 0 的元素
      False
04    >>> all([])                                 #空列表
      True
```

9) any()函数

any()函数用于判断给定的可遍历对象 iterable 是否全部为 False。如果是,则返回 False;如果有一个为 True,则返回 True。元素值除 0、空(None)、False 和空对象外都视为 True。语法格式如下。

```
any(iterable)
```

说明: iterable 用于指定元组或列表。

【例 3-35】 any()函数的使用。

程序代码如下。

```
01    >>> any(['a', 'b', '', 'd'])              #列表中存在等同 True 的元素
      True
02    >>> any((0, '', False))                    #元组中元素全等同于 False
      False
03    >>> any(())                                #空元组
      False
```

10) map()函数

map()函数根据提供的函数对指定的可遍历对象进行映射,并返回一个可遍历对象,语法格式如下。

```
map(function, iterable, ...)
```

说明:

(1) function 用于指定映射函数。

(2) iterable 用于指定映射一个或多个可遍历对象。

【例 3-36】　map()函数的使用。

程序代码如下。

```
01    >>> def mul2(x):
02          return x * 2

03    >>> mylist=[6,3,8,4]
04    >>> list(map(mul2,mylist))
      [12, 6, 16, 8]
05    >>> def mulxy(x,y):
06          return x * y

07    >>> mylist1=[1,2,3,4]
08    >>> mylist2=[5,6,7,8,9]
09    >>> list(map(mulxy,mylist1,mylist2))
      [5, 12, 21, 32]
```

11) zip()函数

zip()函数用于将可遍历对象中对应的元素打包成一个个元组,然后返回由这些元组组成的对象。语法格式如下。

```
zip([iterable, ...])
```

说明:iterable 用于指定一个或多个可遍历对象。

【例 3-37】　zip()函数的使用。

程序代码如下。

```
01    >>> mylist1=[1,2,3,4]
02    >>> mylist2=[5,6,7,8,9]
03    >>> mylist3=[11,22,33]
04    >>> zip(mylist1,mylist2)              #返回对象
```

```
          <zip object at 0x00000000034A4440>
05    >>> list(zip(mylist1,mylist2))
      [(1, 5), (2, 6), (3, 7), (4, 8)]
06    >>> list(zip(mylist1,mylist2,mylist3))
      [(1, 5, 11), (2, 6, 22), (3, 7, 33)]
```

12) filter()函数

filter()函数用于过滤掉序列中不符合条件的元素,返回一个可遍历对象。语法格式如下。

```
filter(function, iterable)
```

说明:

(1) function 用于指定判断方法。

(2) iterable 用于指定可遍历对象。

【例 3-38】 filter()函数的使用。

程序代码如下。

```
01    >>> filter(lambda x:x%5==0,range(1,101))           #返回对象
      <filter object at 0x0000000000856AF0>
02    >>> list(filter(lambda x:x%5==0,range(1,101)))   #1~100 所有能被 5 整除的数
      [5, 10, 15, 20, 25, 30, 35, 40, 45, 50, 55, 60, 65, 70, 75, 80, 85, 90, 95, 100]
03    >>> def multi5(x):
04        return x%5==0

05    >>> list(filter(multi5,range(1,101)))             #1~100 所有能被 5 整除的数
      [5, 10, 15, 20, 25, 30, 35, 40, 45, 50, 55, 60, 65, 70, 75, 80, 85, 90, 95, 100]
```

13) enumerate()函数

enumerate()函数用于将一个可遍历的数据对象如列表、元组或字符串组合为一个枚举对象(索引序列),同时列出数据和数据下标,语法格式如下。

```
enumerate(sequence, [start=0])
```

说明:

(1) sequence 用于指定一个序列、可遍历对象或其他可遍历的对象。

(2) start 用于指定下标起始值,默认为 0。

【例 3-39】 enumerate()函数的使用。

程序代码如下。

```
01    >>> weeks=['Sunday','Monday','Tuesday','Wednesday','Thursday','Friday',
          'Saturday']
02    >>> enumerate(weeks)                               #返回对象
      <enumerate object at 0x000000000083A3C0>
03    >>> list(enumerate(weeks))                         #默认 start 为 0
      [(0, 'Sunday'), (1, 'Monday'), (2, 'Tuesday'), (3, 'Wednesday'), (4,
       'Thursday'), (5, 'Friday'), (6, 'Saturday')]
```

```
04    >>> list(enumerate(weeks,start=7))              #指定 start 为 7
      [(7, 'Sunday'), (8, 'Monday'), (9, 'Tuesday'), (10, 'Wednesday'),
       (11, 'Thursday'), (12, 'Friday'),(13, 'Saturday')]
```

3. 序列相关运算符

1）＋和＋＝

Python 支持两种类型相同的序列（字符串、列表、元组），使用"＋"运算符将两个序列进行连接，从而生成新的序列，但不会去除重复的元素。

（1）＋：生成一个新的序列。

（2）＋＝：生成一个新的序列，并将它赋值给左侧操作对象。

【例 3-40】　序列的＋和＋＝操作。

程序代码如下。

```
01    >>> "ab"+"bc"                      #两个字符串连接
      'abbc'
02    >>> ('a','b')+('b','c')            #两个元组连接
      ('a', 'b', 'b', 'c')
03    >>> t1=[1,2]
04    >>> t1+=[3,4]                      #列表 t1 和列表[3,4]连接,结果赋值给 t1
05    >>> t1
      [1, 2, 3, 4]
```

2）＊

Python 中，使用数字 n 乘以一个序列（字符串、列表、元组），该序列被重复 n 次，从而生成新的序列。

【例 3-41】　序列的 ＊ 操作。

程序代码如下。

```
01    >>> "abc" * 3
      'abcabcabc'
02    >>> [1,2,3] * 3
      [1, 2, 3, 1, 2, 3, 1, 2, 3]
03    >>> (1,2,3) * 3
      (1, 2, 3, 1, 2, 3, 1, 2, 3)
```

3）in 和 not in

Python 中，可以使用 in（not in）关键字检查某元素是否为序列的成员，语法格式如下。

```
value in sequence
```

说明：

（1）value 用于指定判断的元素。

（2）sequence 用于指定序列（列表、元组、字符串等）。

（3）返回值为 True 或 False。

【例 3-42】 序列的 in 和 not in 判断。

程序代码如下。

```
01    >>> 5 in [3,4,5]
      True
02    >>> 6 not in (3,4,5)
      True
03    >>> 'ab' in "dfabdd"
      True
04    >>> 1 in {1,2,3}
      True
05    >>> 'a' in {'a':4,'b':3}
      True
```

3.2   元组

3.2.1   元组的概念与特性

Python 的元组(tuple)与列表类似,是用圆括号括起来、用逗号分隔的多个元素组成的序列,元组中的元素类型既可以相同,也可以不同。

列表中的元素是可以修改的,元组一旦创建,则其中的元素不可修改。元组的形式如下。

> (元素 1,元素 2,元素 3,...,元素 n)

说明:

(1)元组的所有元素都放在一对圆括号中。

(2)元组的元素之间用逗号分隔。

(3)元组的每一个元素都有自己的位置编号,称为索引。

(4)元组中的元素的数据类型可以相同,也可以各不相同。

(5)组元素可以是数字、字符、字符串、列表、元组、字典等。

(6)不包含任何列表元素的元组,称为空元组。

(7)元组是有序序列,支持用整数索引来访问指定位置的元素,支持切割操作。

(8)元组是不可变数据类型,不支持元素的添加、修改、删除等操作。

3.2.2   元组的创建

1. 直接创建元组

将元组元素用括号括起来,就创建了一个元组常量。将元组常量赋值给变量,就创建了一个元组对象。

【例 3-43】 创建元组。

程序代码如下。

```
01      >>> mytu=()                          #创建空元组
02      >>> mytu1=(1,2)
03      >>> mytu2=(1,'a','abc',(3,5),[4,5],{6,7},{'a':1,'b':2})
04      >>> mytu=(10)                        #括号被当作算符
05      >>> type(mytu)
        <class 'int'>
06      >>> mytu=(10,)                       #一个元素的元组,不能没有逗号
07      >>> type(mytu)
        <class 'tuple'>
```

注意：

(1) 元组中只包含一个元素时,需要在元素后面添加逗号,否则括号会被当作运算符使用。

(2) 元组是有序序列,支持索引和切割操作。

(3) 元组是不可变序列,不允许对元组本身元素进行添加、修改和删除的操作。

2. 使用 tuple() 函数创建元组

使用 tuple() 函数可以将任意可遍历的数据对象转化为元组。

【例 3-44】 使用 tuple() 函数创建元组。

程序代码如下。

```
01      >>> mytu=tuple()                     #创建空元组
02      >>> tuple([1,2])                     #利用已有列表创建元组
        (1, 2)
03      >>> tuple({3,4,5})                   #利用已有集合创建元组
        (3, 4, 5)
04      >>> tuple("Hello world")             #利用已有字符串创建元组
        ('H', 'e', 'l', 'l', 'o', ' ', 'w', 'o', 'r', 'l', 'd')
05      >>> tuple({'a':3,'b':4})             #利用已有字典的"键"创建元组
        ('a', 'b')
```

3. 使用元组推导式创建元组

元组推导式是对 range 区间、元组、列表、字典和集合等可遍历对象进行遍历、过滤或计算,快速生成一个满足指定需求的推导式对象,可以利用内置的 tuple() 方法将该对象转换为元组。语法格式如下。

```
(表达式 for 变量 in 序列 [if 条件])
```

说明：

(1) 表达式是用来计算元素值的。

(2) 内部的 for 循环用来遍历可遍历对象。

(3) [if 条件]可选。

【例 3-45】 使用元组推导式创建元组。

程序代码如下。

```
01    >>> mytu=(x * 2 for x in "abc")  #将字符串中每个元素重复 2 次作为元素生成对象
02    >>> mytu
      <generator object <genexpr> at 0x00000000008487B0>
03    >>> tuple(mytu)
      ('aa', 'bb', 'cc')
```

元组推导式可以嵌套,语法格式如下。

```
(表达式   for 变量 1 in 序列 1[if 条件 1]
          for 变量 2 in 序列 2[if 条件 2]
          ...
          for 变量 n in 序列 n[if 条件 n]
)
```

【例 3-46】 使用嵌套的元组推导式创建元组。

程序代码如下。

```
01    >>> mytu1=tuple(x for x in (1,2,3,4) if(x%2==0))
02    >>> mytu2=tuple(y for y in (5,6,7,8,9,10) if(y%2==1))
03    >>> mytu1
      (2, 4)
04    >>> mytu2
      (5, 7, 9)
05    >>> mytu=tuple(x+y for x in (1,2,3,4) if(x%2==0) for y in (5,6,7,8,9,10)
          if(y%2==1))
06    >>> mytu
      (7, 9, 11, 9, 11, 13)
```

3.2.3 元组的操作

1. 元组元素的访问

元组元素的访问同列表元素一样,支持双向索引,支持切割操作,可以通过索引和切片访问元组元素。

【例 3-47】 元组元素的访问。

程序代码如下。

```
01    >>> mytu=(1,2,3,4,2,3,4,5,2,3)
02    >>> mytu[4]                      #第 4 个元素
      2
03    >>> mytu[:4]                     #前 4 个元素
      (1, 2, 3, 4)
04    >>> mytu[-4:]                    #后 4 个元素
      (4, 5, 2, 3)
```

2. 元组元素是不可添加的

元组是不可变的,无法添加元素。元组支持＋、＋＝、＊ 运算符,它们不对原元组进行修改操作,而是用运算结果生成一个新的元组。

【例 3-48】 使用＋、＋＝、＊运算符生成新元组。

程序代码如下。

```
01      >>> t1=(1,2)
02      >>> t2=(2,3)
03      >>> t3=t1+t2
04      >>> t3
        (1, 2, 2, 3)
05      >>> t1+=(7,8)
06      >>> t1
        (1, 2, 7, 8)
07      >>> t2 * 3
        (2, 3, 2, 3, 2, 3)
```

3. 元组元素是不可修改的

元组是不可变的,元组一旦创建,元组的元素是不允许被修改的。

【例 3-49】 直接修改元组元素会报错。

程序代码如下。

```
>>> t1=(2,2)
>>> t1[0]=1
```

运行结果如图 3.7 所示。

```
Traceback (most recent call last):
  File "<pyshell#98>", line 1, in <module>
    t1[0]=1
TypeError: 'tuple' object does not support item assignment
```

图 3.7　修改元组元素报错

4. 元组元素是不可删除的

元组是不可变的,元组一旦创建,元组的元素是不允许被删除的。但可以通过 del 语句,删除整个元组对象。

【例 3-50】 元组元素不可删除,但可以删除元组对象。

程序代码 1 如下。

```
01      >>> t1=(1,2)
02      >>> del t1[0]
```

运行结果如图 3.8 所示。

```
Traceback (most recent call last):
  File "<pyshell#112>", line 1, in <module>
    del t1[0]
TypeError: 'tuple' object doesn't support item deletion
```

图 3.8　删除元组元素报错

程序代码 2 如下。

```
03    >>> t1=(1,2)
04    >>> del t1
05    >>> t1
```

运行结果如图 3.9 所示。

```
Traceback (most recent call last):
  File "<pyshell#117>", line 1, in <module>
    t1
NameError: name 't1' is not defined
```

图 3.9   访问不存在元组报错

5. 元组元素的查找

元组支持双向索引,元组对象提供了 index()方法、count()方法,支持 in 和 not in 操作符。具体语法类似列表相关操作。

【例 3-51】   元组元素的查找。

程序代码如下。

```
01    >>> mytu=(1,7,3,7,2,9)
02    >>> mytu[5]                    #查找索引为 5 的元素
      9
03    >>> mytu[-5:]                  #查找倒数 5 个元素
      (7, 3, 7, 2, 9)
04    >>> mytu.index(7,2)           #在位置 2 后首次出现 7 的位置
      3
05    >>> mytu.count(7)             #数字 7 在列表中出现的次数
      2
06    >>> 8 in mytu
      False
07    >>> 10 not in mytu
      True
```

3.2.4   元组的其他操作

1. 元组的排序和反转

元组是不可变的,不允许对原元组本身进行排序或反转操作。元组支持系统内置函数 sorted()和 reversed()。用 sorted()排序后会生成新的可遍历对象,用 reversed()排序后会生成一个可遍历对象,可以参见 3.1.5 小节。

【例 3-52】   元组的排序和反转。

程序代码如下。

```
01    >>> mytu=('e','abc','de','fk')
02    >>> sorted(mytu)              #默认排序,返回新列表
      ['abc', 'de', 'e', 'fk']
03    >>> sorted(mytu,key=len)      #将元素按长度升序排序
```

```
       ['e', 'de', 'fk', 'abc']
04     >>> mytu
       ('e', 'abc', 'de', 'fk')
05     >>> reversed(mytu)                #返回对象
       <reversed object at 0x0000000000850A30>
06     >>> list(reversed(mytu))
       ['fk', 'de', 'abc', 'e']
```

2. 元组的统计

系统内置函数 sum()、max()、min()和 len()可用于统计元组信息。

【例 3-53】 元组的统计。

程序代码如下。

```
01     >>> mytu=(6,4,3,7,4)
02     >>> len(mytu)                     #元组长度
       5
03     >>> max(mytu)                     #元组元素最大值
       7
04     >>> min(mytu)                     #元组元素最小值
       3
05     >>> sum(mytu)                     #元组元素之和
       24
```

3.2.5 元组的作用

1. 元组的特点

元组具有不可变性,和列表相比,元组具有独特的优点。

(1) 元组的速度比列表的速度快。如果仅是对一个序列进行遍历,则使用元组比使用列表效率更高。

(2) 元组比列表更安全。元组的不可变性相当于给元素提供了"写保护"。

(3) 相同元素的列表和元组,元组比列表占用空间小。

2. 序列封包和序列解包

Python 还提供了序列封包和序列解包的功能。

当程序将多个值同时赋给一个变量时,Python 会自动将多个值封装成元组,这种功能被称为序列封包。

当程序将序列(元组、列表、字典)直接赋值给多个变量时,序列的各元素会被依次赋值给每个变量(要求序列的元素个数和变量个数相等),这种功能被称为序列解包。

【例 3-54】 序列封包和序列解包。

程序代码如下。

```
01     >>> t=1,2,3,4                     #元组封包
02     >>> t
       (1, 2, 3, 4)
```

```
03    >>> x,y,z,w=t              #序列解包
04    >>> x
      1
05    >>> w
      4
06    >>> a,b,c="张三丰"           #序列解包
07    >>> a
      '张'
08    >>> b
      '三'
09    >>> c
      '丰'
```

3.3 字典

3.3.1 字典的概念与特性

字典(dictionary)是包含若干"键:值"元素的无序可变序列,是 Python 语言提供的一种常用的内置数据类型,字典中的每个元素包含"键"和"值"两部分,表示一种映射关系。每个元素的"键"和"值"之间用冒号分隔,不同元素之间用逗号分隔,所有的元素放在一对大括号"{}"中。

字典的形式如下。

{键1:值1,键2:值2,...,键n:值n}

说明:

(1) 键与值用冒号":"分开。

(2) 项与项用逗号","分开。

(3) 键必须是唯一的,值可以不唯一。

(4) 键是不可变的,列表、字典、可变集合不能作为键。

3.3.2 字典的创建

1. 使用"{}"创建字典

将字典元素用"{}"括起来,就创建了一个字典常量。将字典常量赋值给变量,就创建了一个字典对象。

【例3-55】 使用"{}"创建字典。

程序代码如下。

```
01    >>> mydic={}                          #创建空字典
02    >>> mydic={'a':1,'b':2,'c':3}         #创建字典
03    >>> mydic={1:"Alice",2:"Beth",2:"Cecil"}  #重复的键,后面的值覆盖前面的值
04    >>> mydic
      {1: 'Alice', 2: 'Cecil'}
```

2. 使用 dict() 函数创建字典

使用 dict() 函数可以将组织好的键值对序列转换为字典。

【例 3-56】 使用 dict() 函数创建字典。

程序代码如下。

```
01    >>> mydic=dict()                                    #创建空字典
02    >>> keys=[1,2,3]                                    #键值列表
03    >>> values=['a','b','c','d']                        #值列表
04    >>> mydic=dict(zip(keys,values))                    #利用 zip() 方法构成键值对,创建字典
05    >>> mydic
      {1: 'a', 2: 'b', 3: 'c'}
06    >>> mydic = dict(English=80,Chinese=85,Math=95)     #利用关键参数创建字典
07    >>> mydic
      {'English': 80, 'Chinese': 85, 'Math': 95}
```

3. 使用字典对象的 fromkeys() 方法创建字典

fromkeys() 方法用于创建一个字典,语法格式如下。

```
dict.fromkeys(seq[, value])
```

说明:

(1) seq 是字典键值列表。

(2) value 是可选参数,用于设置键序列(seq)的值。

【例 3-57】 使用 fromkeys() 方法创建字典。

程序代码如下。

```
01    >>> seq = ('name','age','sex')
02    >>> mydic = dict.fromkeys(seq)                      #没有值,默认值为 None
03    >>> mydic
      {'name': None, 'age': None, 'sex': None}
04    >>> mydic = dict.fromkeys(seq,10)                   #值为 10
05    >>> mydic
      {'name': 10, 'age': 10, 'sex': 10}
```

4. 使用字典推导式创建字典

字典推导式是对 range 区间、元组、列表、字典和集合等可遍历对象进行遍历、过滤或计算,快速生成一个满足指定需求的字典。语法格式如下。

```
{表达式 for 变量 in 序列 [if 条件]}
```

说明:

(1) [if 条件] 是可选的。

(2) 表达式用来得到键值对。

(3) 内部的 for 循环用来遍历可遍历对象。

【例 3-58】 使用字典推导式创建字典。

程序代码如下。

```
01    >>> myli={"English","Chinese","Math"}
02    >>> mydic={key:len(key) for key in myli}
03    >>> mydic
      {'English': 7, 'Math': 4, 'Chinese': 7}
04    >>> mydic={key:len(key) for key in myli if len(key)<5}
05    >>> mydic
      {'Math': 4}
```

3.3.3   字典的操作

1. 单个字典元素的访问

（1）利用键访问字典元素的语法格式如下。

```
dict[key]
```

注意：

① 以键作为下标来读取字典元素的"值"。

② 如果键不存在，则抛出异常。

【例 3-59】 以键作为下标访问单个字典元素。

程序代码如下。

```
01    >>> mydic = {'Name': 'Zara', 'Age': 7, 'Class': 'First'}
02    >>> mydic['Name']                        #利用键访问字典元素
      'Zara'
03    >>> mydic['age']                         #如果键不存在，则抛出异常
```

运行结果如图 3.10 所示。

```
Traceback (most recent call last):
  File "<pyshell#138>", line 1, in <module>
    mydic['age']
KeyError: 'age'
```

图 3.10   不存在的键为下标访问字典元素

（2）利用字典对象提供的 get()方法可以获取指定键对应的值，并且允许指定键不存在时的返回值。语法格式如下。

```
dict.get(key, default=None)
```

说明：

（1）key 是字典中要查找的键。

（2）default 是可选参数，用于指定默认值（默认为 None）。

（3）如果键存在，返回指定键的值；如果键不存在，返回 default 的值。

【例 3-60】 利用 get()方法访问字典元素。

程序代码如下。

```
01      >>> mydic = dict(English=80,Chinese=85,Math=95)
02      >>> mydic
        {'English': 80, 'Chinese': 85, 'Math': 95}
03      >>> mydic.get('English')              #获取指定"键"对应的值
        80
04      >>> mydic.get('English',90)           #指定"键"存在,忽略默认值
        80
05      >>> mydic.get('eng',90)               #指定"键"不存在,返回指定的默认值
        90
```

2. 所有字典元素的访问

(1) 使用字典对象的 items()方法,可以返回字典的键值对(dict_items)。

(2) 使用字典对象的 keys()方法,可以返回字典的键(dict_keys)。

(3) 使用字典对象的 values()方法,可以返回字典的值(dict_values)。

【例 3-61】　所有字典元素的访问。

程序代码如下。

```
01      >>> mydic = dict(English=80,Chinese=85,Math=95)
02      >>> mydic.items()                     #访问所有键值对
        dict_items([('English', 80), ('Chinese', 85), ('Math', 95)])
03      >>> mydic.keys()                      #访问所有键
        dict_keys(['English', 'Chinese', 'Math'])
04      >>> mydic.values()                    #访问所有值
        dict_values([80, 85, 95])
05      >>> list(mydic.keys())
        ['English', 'Chinese', 'Math']
```

3. 字典元素的添加和修改

1) 直接添加或修改

语法格式如下。

字典对象[键]=值

说明:

(1) 若键存在,表示修改该键对应的值。

(2) 若该键不存在,添加"键:值"对,即字典元素。

【例 3-62】　以键为下标修改或添加字典元素。

程序代码如下。

```
01      >>> mydic = dict(English=80,Chinese=85,Math=95)
02      >>> mydic['English']=95                         #修改该"键"对应的值
03      >>> mydic
        {'English': 95, 'Chinese': 85, 'Math': 95}
04      >>> mydic['eng']=90                             #添加字典元素
05      >>> mydic
        {'English': 95, 'Chinese': 85, 'Math': 95, 'eng': 90}
```

2) 使用字典对象的 update()方法

使用 update()方法,可以把字典 dict2 的键值对更新到 dict1 中。语法格式如下。

```
dict1.update(dict2)
```

说明:

(1) dict2 是添加到指定字典 dict1 中的字典。

(2) update()方法没有返回值。

【例 3-63】 使用 update()方法添加字典元素。

程序代码如下。

```
01    >>> mydic1 = dict(English=80,Chinese=85)
02    >>> mydic2 = {'Math':95}
03    >>> mydic1.update(mydic2)
04    >>> mydic1
      {'English': 80, 'Chinese': 85, 'Math': 95}
```

3) 使用字典对象的 setdefault()方法

使用 setdefault()方法,可以修改或添加指定键对应的值。语法格式如下。

```
dict.setdefault(key, default=None)
```

说明:

(1) key 用于指定键值。

(2) default 是可选参数,用于指定默认值(默认为 None)。

(3) 如字典中包含指定键,则返回该键对应的值。

(4) 如字典中不包含指定键,则返回 default 的值,并将键值对添加到字典中。

【例 3-64】 字典对象的 setdefault()方法的使用。

程序代码如下。

```
01    >>> mydic = dict(English=80,Chinese=85)
02    >>> mydic.setdefault('Math',95)              #添加"键:值"对为字典元素
      95
03    >>> mydic
      {'English': 80, 'Chinese': 85, 'Math': 95}
04    >>> mydic.setdefault('Math',100)             #返回该"键"对应的值
      95
05    >>> mydic
      {'English': 80, 'Chinese': 85, 'Math': 95}
```

4. 字典元素的删除

1) 使用字典对象的 pop()方法

删除字典中指定键及其对应的值,返回被删除的值,键必须给出。如果键不存在,返回 default 值。语法格式如下。

```
dict.pop(key[,default])
```

说明：

（1）key 用于设置要删除的键值。

（2）如果 key 存在，则返回被删除的值。如果 key 不存在，则返回 default 值。

【**例 3-65**】　字典对象的 pop()方法的使用。

程序代码如下。

```
01      >>> mydic = dict(English=80,Chinese=85,Math=95)
02      >>> mydic.pop('English')                #删除字典中指定"键"的元素
        80
03      >>> mydic
        {'Chinese': 85, 'Math': 95}
04      >>> mydic.pop('English',100)            #"键"不存在，返回默认值
        100
05      >>> mydic.pop('English')                #"键"不存在，没有指定默认值，抛出异常
```

运行结果如图 3.11 所示。

```
Traceback (most recent call last):
  File "<pyshell#148>", line 1, in <module>
    mydic.pop('English')
KeyError: 'English'
```

图 3.11　pop()方法的键不存在且没有指定默认值

2）使用字典对象的 popitem()方法

popitem()方法返回并删除字典中的最后一个键值对，语法格式如下。

```
dict.popitem()
```

【**例 3-66**】　字典对象的 popitem()方法的使用。

程序代码如下。

```
01      >>> mydic = dict(English=80,Chinese=85)
02      >>> mydic.popitem()
        ('Chinese', 85)
03      >>> mydic.popitem()
        ('English', 80)
04      >>> mydic.popitem()                     #字典空时，抛出异常
```

运行结果如图 3.12 所示。

```
Traceback (most recent call last):
  File "<pyshell#154>", line 1, in <module>
    mydic.popitem()
KeyError: 'popitem(): dictionary is empty'
```

图 3.12　popitem()方法用在空字典上

3）使用字典对象的 clear()方法

clear()方法用于删除字典内所有元素，该方法没有参数，也没有返回值。语法格式如下。

```
dict.clear()
```

【例 3-67】 删除字典所有元素。

程序代码如下。

```
01    >>> mydic = dict(English=80,Chinese=85,Math=95)
02    >>> mydic
      {'English': 80, 'Chinese': 85, 'Math': 95}
03    >>> mydic.clear()
04    >>> mydic
      {}
```

4) 使用 del 命令

语法格式如下。

```
del dict[key]        //删除 key 对应的元素
del dict             //删除整个字典对象
```

【例 3-68】 使用 del 命令删除字典元素或字典对象。

程序代码 1 如下。

```
01    >>> mydic = dict(English=80,Chinese=85,Math=95)
02    >>> del mydic['Math']                           #删除指定键对应的元素
03    >>> mydic
      {'English': 80, 'Chinese': 85}
04    >>> del mydic['Math']                           #要删除的键不存在
```

运行结果如图 3.13 所示。

```
Traceback (most recent call last):
  File "<pyshell#161>", line 1, in <module>
    del mydic['Math']
KeyError: 'Math'
```

图 3.13　要删除的键不存在

程序代码 2 如下。

```
05    >>> mydic
      {'English': 80, 'Chinese': 85}
06    >>> del mydic                                   #删除整个字典对象
07    >>> mydic
```

运行结果如图 3.14 所示。

```
Traceback (most recent call last):
  File "<pyshell#164>", line 1, in <module>
    mydic
NameError: name 'mydic' is not defined
```

图 3.14　删除整个字典对象

5. 字典元素的查找

字典元素的查找,等同于单个字典元素的访问。使用键(作为下标)、get()方法和 setdefault()方法可以查找字典元素。字典支持 in 和 not in 运算符。

3.3.4　字典的其他操作

1. in(not in)运算符

语法格式如下。

```
key[not] in dict
```

说明:

(1) key 是要在字典中查找的键。

(2) 如果键存在,则返回 True(False),否则返回 False(True)。

2. len()方法

语法格式如下。

```
len(dict)
```

说明:

(1) 该方法计算字典元素个数,即键的个数。

(2) 参数 dict 为要计算元素个数的字典。

3. copy()方法

语法格式如下。

```
dict.copy()
```

说明:

(1) copy()方法没有参数。

(2) 该方法返回一个字典的浅复制。

4. 直接赋值、浅复制和深复制

(1) 直接赋值:就是对象的引用(别名),如图 3.15 所示。

(2) 浅复制(copy):复制父对象,不会复制对象内部的子对象,如图 3.16 所示。

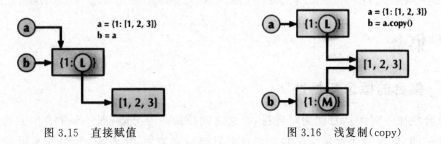

图 3.15　直接赋值　　　　　　　图 3.16　浅复制(copy)

（3）深复制（deepcopy）：deepcopy()方法完全复制了父对象及其子对象，如图 3.17 所示。使用深复制需要导入 copy 模块。

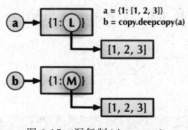

图 3.17　深复制（deepcopy）

【例 3-69】　直接赋值、浅复制和深复制。

程序代码如下。

```
01    >>> #直接赋值时浅复制
02    >>> a={1:[1,2,3]}
03    >>> b=a
04    >>> b[1][0]=4
05    >>> a
      {1: [4, 2, 3]}

06    >>> #copy()方法是浅复制
07    >>> a={1:[1,2,3]}
08    >>> b=a.copy()
09    >>> b[1][0]=6
10    >>> a
      {1: [6, 2, 3]}

11    >>> #深复制需要导入 copy 模块
12    >>> import copy
13    >>> a={1:[1,2,3]}
14    >>> b=copy.deepcopy(a)
15    >>> b[1][0]=8
16    >>> b
      {1: [8, 2, 3]}
17    >>> a
      {1: [1, 2, 3]}
```

3.4　集合

3.4.1　集合的概念与特性

集合使用一对大括号作为定界符，元素之间使用逗号分隔，同一个集合内的每个元素都是唯一的，集合的元素是无序的。集合中只能包含数字、字符串、元组等不可变类型数据，而不能包含列表、字典、集合等可变类型的数据。

在 Python 语言中,有两种不同类型的集合:可变集合(set)和不可变集合(frozenset)。

(1) 可变集合(set):集合中的元素可以动态地添加或删除。

(2) 不可变集合(frozenset):集合中的元素不可改变。

(3) 不特殊说明的情况下,集合指的是可变集合(set)。

3.4.2　集合的创建

1. 使用"{}"创建集合

将集合元素用"{}"括起来,就创建了一个集合常量。将集合常量赋值给变量,就创建了一个集合对象。

2. 使用 set()函数创建

【例 3-70】　创建可变集合。

程序代码如下。

```
01    >>> myset={11,22}
02    >>> myset1=set(range(10,20,2))        #把 range 对象转换为集合
03    >>> myset2=set([11,22,33,44,44,55,22,66])  #把列表对象转换为集合(自动去重)
04    >>> myset3=set()                      #空集合

05    >>> t={}                              #创建空字典,不是空集合
06    >>> type(t)
    <class 'dict'>
```

注意:

(1) 空集合只能由 set()函数创建。

(2) 创建集合时,会自动去除重复的元素。

3. 使用集合推导式创建集合

集合推导式跟列表推导式非常相似,唯一区别在于用{}代替[]。

3.4.3　集合的操作

1. 集合元素的访问

集合元素的存储是无序的,所以不能用索引或切片来访问元素。

(1) 用 in(not in)操作符,可以判断元素是否在集合内。

(2) 用 for 循环可以遍历集合。

【例 3-71】　集合元素的判断与遍历。

程序代码如下。

```
01    >>> myset2=set([11,22,33,44,44,55,22,66])
02    >>> 55 in myset2
    True
03    >>> 88 not in myset2
    True
```

```
04    >>> myli=[item for item in myset2]
05    >>> myli
      [33, 66, 11, 44, 22, 55]
```

2. 集合元素的添加

1) 利用 add()方法向集合添加一个元素

add()方法用于给集合添加元素,如果添加的元素在集合中已存在,则不执行任何操作。语法格式如下。

```
set.add(elmnt)
```

说明:

(1) add()方法没有返回值。

(2) 参数 elmnt(要添加的元素)是必需的。

【例 3-72】 利用 add()方法向集合添加一个元素。

程序代码如下。

```
01    >>> fruits = {"apple", "banana", "cherry"}
02    >>> fruits.add("orange")              #向集合添加元素
03    >>> fruits
      {'apple', 'cherry', 'banana', 'orange'}
04    >>> fruits.add("apple")               #不执行任何操作
05    >>> fruits
      {'apple', 'cherry', 'banana', 'orange'}
```

2) 利用 update()方法向集合中添加多个元素

语法格式如下。

```
set.update(obj)
```

说明:

(1) update()方法没有返回值。

(2) 参数 obj 是必需的,可以是字符串、列表、集合等可遍历对象。

【例 3-73】 利用 update()方法向集合中添加多个元素。

程序代码如下。

```
01    >>> x = {"apple", "banana", "cherry"}
02    >>> y = {"google", "runoob", "apple"}
03    >>> x.update(y)
04    >>> x
      {'apple', 'cherry', 'banana', 'google', 'runoob'}
```

3. 集合元素的删除

1) pop()方法

pop()方法用于随机删除集合中一个元素。语法格式如下。

```
set.pop()
```

说明：

（1）pop()方法没有参数。

（2）pop()方法返回被删除的元素。

（3）pop()用于空集合时会发生错误。

【例 3-74】　利用 pop()方法随机删除集合中的一个元素。

程序代码如下。

```
01    >>> fruits = {"apple", "banana", "cherry"}
02    >>> fruits.pop()
      'apple'
```

2）remove()方法

remove()方法用于删除集合中的指定元素。删除一个不存在的元素时会发生错误。
语法格式如下。

```
set.remove(item)
```

说明：

（1）remove()方法没有返回值。

（2）参数 item 用来指定要删除的元素。

（3）remove()方法移除一个不存在的元素时会发生错误。

【例 3-75】　remove()方法删除集合中的指定元素。

程序代码如下。

```
01    >>> fruits = {"apple", "banana", "cherry"}
02    >>> fruits.remove("banana")
03    >>> fruits
      {'apple', 'cherry'}
04    >>> fruits.remove("banana")              #删除不存在的元素
```

运行结果如图 3.18 所示。

```
Traceback (most recent call last):
  File "<pyshell#285>", line 1, in <module>
    fruits.remove("banana")
KeyError: 'banana'
```

图 3.18　remove()方法删除集合中不存在的元素时将报错

3）discard()方法

discard()方法用于删除集合中的指定元素。删除一个不存在的元素时不做任何操
作。语法格式如下。

```
set.discard(value)
```

说明：

（1）discard()方法没有返回值。

（2）参数 value 用来指定要删除的元素。

（3）discard()方法删除一个不存在的元素时不做任何操作。

【例 3-76】 discard()方法删除集合中的指定元素。

程序代码如下。

```
01    >>> fruits = {"apple", "banana", "cherry"}
02    >>> fruits.discard("banana")
03    >>> fruits
      {'apple', 'cherry'}
04    >>> fruits.discard("banana")              #删除不存在的元素不报错
```

4）clear()方法

clear()方法用于删除集合中的所有元素。语法格式如下。

```
set.clear()
```

说明：

（1）clear()方法没有返回值

（2）clear()方法没有参数。

【例 3-77】 clear()方法删除集合中的所有元素。

程序代码如下。

```
01    >>> fruits = {"apple", "banana", "cherry"}
02    >>> fruits.clear()
03    >>> fruits                              #空集合
      set()
```

5）del 命令

语法格式如下。

```
del set
```

说明：del 命令删除整个集合对象。

【例 3-78】 使用 del 命令删除集合对象。

程序代码如下。

```
01    >>> fruits = {"apple", "banana", "cherry"}
02    >>> del fruits
03    >>> fruits
```

运行结果如图 3.19 所示。

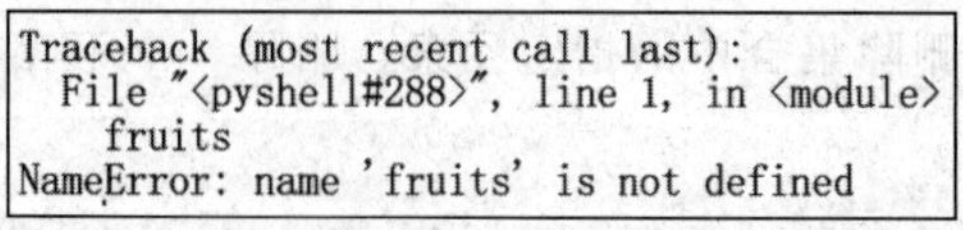

```
Traceback (most recent call last):
  File "<pyshell#288>", line 1, in <module>
    fruits
NameError: name 'fruits' is not defined
```

图 3.19　用 del 命令删除集合对象后不能再访问

3.4.4　集合的运算

常用的集合运算包括并、交、差、异或等。

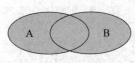

图 3.20　集合的并集

1. 集合的并集

集合的并集是由属于集合 A 或集合 B 中的所有元素组成的集合（A│B）。

使用"│"运算符或 union()方法，将得到一个新的集合，原集合保持不变，如图 3.20 所示。

【**例 3-79**】　集合的并集。

程序代码如下。

```
01    >>> A={1,2,3,4,5}
02    >>> B={2,4,6,8}
03    >>> A|B
      {1, 2, 3, 4, 5, 6, 8}
04    >>> A
      {1, 2, 3, 4, 5}
05    >>> B
      {8, 2, 4, 6}
06    >>> A.union(B)
      {1, 2, 3, 4, 5, 6, 8}
```

2. 集合的交集

集合的交集是同时属于集合 A 和 B 的元素组成的集合（A&B）。

使用"&"运算符或 intersection()方法，将得到一个新的集合，原集合保持不变，如图 3.21 所示。

【**例 3-80**】　集合的交集。

程序代码如下。

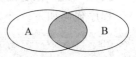

图 3.21　集合的交集

```
01    >>> A={1,2,3,4,5}
02    >>> B={2,4,6,8}
03    >>> A&B
      {2, 4}
04    >>> A
      {1, 2, 3, 4, 5}
05    >>> B
      {8, 2, 4, 6}
06    >>> A.intersection(B)
      {2, 4}
```

3. 集合的差集

集合的差集是属于集合 A 且不属于集合 B 的元素组成的集合（A－B）。

使用"－"运算符或 difference()方法，将得到一个新的集合，原来集合保持不变，如

图 3.22 所示。

【例 3-81】 集合的差集。

程序代码如下。

```
01    >>> A={1,2,3,4,5}
02    >>> B={2,4,6,8}
03    >>> A-B
      {1, 3, 5}
04    >>> A
      {1, 2, 3, 4, 5}
05    >>> B
      {8, 2, 4, 6}
06    >>> A.difference(B)
      {1, 3, 5}
```

4. 集合的异或集

集合的异或集是属于集合 A 或集合 B 的元素,但不同时属于 A 和 B 的元素组成的集合(A^B)。

使用"^"运算符或 symmetric_difference()方法,将得到一个新的集合,原来集合保持不变,如图 3.23 所示。

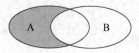

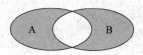

图 3.22　集合的差集　　　　　图 3.23　集合的异或集

【例 3-82】 集合的异或集。

程序代码如下。

```
01    >>> A={1,2,3,4,5}
02    >>> B={2,4,6,8}
03    >>> A^B
      {1, 3, 5, 6, 8}
04    >>> A
      {1, 2, 3, 4, 5}
05    >>> B
      {8, 2, 4, 6}
06    >>> A.symmetric_difference(B)
      {1, 3, 5, 6, 8}
```

5. 集合的子集(真子集)

A 是 B 的子集("<="或 issubset()):B 中包含了 A 中所有的元素。

A 是 B 的真子集("<"):B 中包含了 A 中所有的元素,且 B 中还包含 A 中没有的元素。

6. 集合的超集(真超集)

A 是 B 的超集(">="或 issuperset()):A 中包含了 B 中所有的元素。

A 是 B 的真超集("＞")：A 中包含了 B 中所有的元素，且 A 中还包含 B 中没有的元素。

【例 3-83】　集合的子集和超集。

程序代码如下。

```
01    >>> A={1,2,3}
02    >>> B={2,3}
03    >>> B<=A                    #B是A的子集
      True
04    >>> B<A                     #B是A的真子集
      True
05    >>> B.issubset(A)
      True
06    >>> A>=B                    #A是B的超集
      True
07    >>> A>B                     #A是B的真超集
      True
08    >>> A.issuperset(B)
      True
```

3.4.5　不可变集合

常用的 set 集合是可变序列，可以添加或删除其中的元素。frozenset 集合是不可变序列，不允许改变其中的元素。set 集合中所有能改变集合本身的方法，如 remove()、discard()、add() 等，frozenset 集合都不支持；set 集合中不改变集合本身的方法，frozenset 集合都支持。

不可变集合用 frozenset() 方法创建。

【例 3-84】　不可变集合的操作。

程序代码如下。

```
01    >>> f1=frozenset(["apple", "banana", "cherry"])    #创建不可变集合
02    >>> f2=frozenset(["orange"])
03    >>> f3=frozenset(["apple"])
04    >>> f2.issubset(f1)
      False
05    >>> f3<f1
      True
06    >>> f1.add(["pear"])        #不支持改变集合本身
```

运行结果如图 3.24 所示。

```
Traceback (most recent call last):
  File "<pyshell#333>", line 1, in <module>
    f1.add(["pear"])
AttributeError: 'frozenset' object has no attribute 'add'
```

图 3.24　不能向不可变集合中增加元素

说明：使用不可变集合的情况如下。

（1）当集合的元素不需要改变时，使用 frozenset 替代 set，更加安全。

（2）程序要求必须是不可变对象时，需要使用 frozenset 替代 set，如字典（dict）的键（key）。

3.5   列表、元组、字典、集合的区别

列表、元组、字典、集合都是 Python 中的序列结构，这里的集合指的是可变集合（set）。

（1）列表和元组是有序的，可以通过索引和范围来访问。元素可以是任意的数据类型（简单数据类型、列表、元组等），元素允许重复。

（2）集合和字典是无序的，不能索引或切割，没有重复的元素（键）。

（3）列表和字典是可变的，可以进行添加、删除、修改、查找操作。

（4）元组是不可变的，不能添加、修改、删除元素。

（5）集合（set）是可变的，可以添加或删除元素。

3.6   项目训练

【例 3-85】 创建简单的通信录。

任务要求：

（1）创建一个简单的通信录，其中每个成员的信息包括姓名、电话号和微信号。

（2）先输入要添加的姓名信息，去除重复的姓名。

（3）输入每个成员的电话号和微信号，创建并显示通信录。

分析：

（1）通信录成员的信息包括姓名、电话号和微信号，可以采用字典来存储成员信息，用姓名作为字典的键。

（2）电话号和微信号可以用另一个字典来存储，该字典同时也是上一个字典的元素。

（3）输入的姓名不能重复，可以使用集合的去重功能。

（4）字典元素项信息如下。

```
{姓名:{电话:××××××,微信:××××××}}
```

程序代码如下。

```
01    #创建集合,用来保存姓名信息
02    names=set()
03
04    #输入 5 个姓名添加到集合中,会自动去重
05    [names.add(input("输入姓名: "))   for i in range(5)]
06
```

```
07    #将集合转为列表,进行排序
08    linames=list(names)
09    linames.sort()
10
11    #利用字典推导式来创建通信录
12    contracts = {name:
13                      {'电话':input("输入{0}的电话: ".format(name)),
14                       '微信':input("输入{0}的微信: ".format(name))}
15              for name in linames }
16
17    #输出通信录信息
18    print("通信录信息如下: ")
19    [print("姓名: "+name+","+str(contracts[name])) for name in contracts]
```

运行结果如图 3.25 所示。

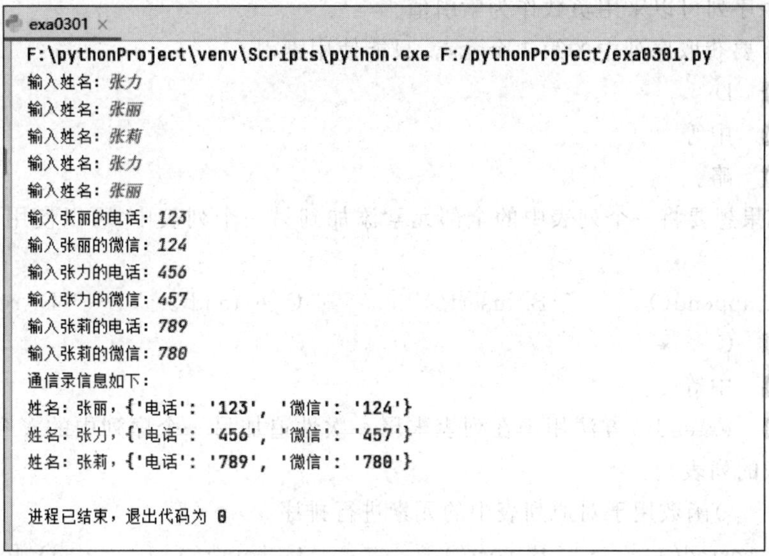

```
exa0301 ×
F:\pythonProject\venv\Scripts\python.exe F:/pythonProject/exa0301.py
输入姓名: 张力
输入姓名: 张丽
输入姓名: 张莉
输入姓名: 张力
输入姓名: 张丽
输入张丽的电话: 123
输入张丽的微信: 124
输入张力的电话: 456
输入张力的微信: 457
输入张莉的电话: 789
输入张莉的微信: 780
通信录信息如下:
姓名: 张丽,{'电话': '123', '微信': '124'}
姓名: 张力,{'电话': '456', '微信': '457'}
姓名: 张莉,{'电话': '789', '微信': '780'}

进程已结束,退出代码为 0
```

图 3.25　简单通信录的创建

3.7　本章小结

本章主要介绍了几个 Python 内置的序列结构。

(1) 列表(list)：元素有序但类型可变,允许有重复的元素。

(2) 元组(tuple)：元素有序但类型不可变,允许有重复的元素。

(3) 集合(set)：元素无序、无索引但类型可变,不允许有重复的元素。

(4) 不可变集合(frozenset)：元素无序、无索引但类型不可变,不允许有重复的元素。

(5) 字典(dict)：元素无序、有索引但类型可变,不允许有重复的键。

习题 3

1. 单项选择题

(1) 序列中第 1 个元素的索引为( )。

　　　A. −1　　　　　　　B. 0　　　　　　　C. 1　　　　　　　D. −1

【答案】 B

【难度】 中等

【解析】 在 Python 中,索引从 0 开始。索引可以取负值,表示从末尾提取,最后一个为 −1,倒数第 2 个为 −2,即程序认为可以从结束处反向计数。

(2) 下列关于序列的说法错误的是( )。

　　　A. 序列是一块用于存放多个值的连续内存空间

　　　B. 通过索引可以访问序列中的任何元素

　　　C. 序列可以采用负数作为索引值

　　　D. 要获取序列中的第 1 个元素,只能使用索引 0

【答案】 D

【难度】 中等

【解析】 略。

(3) 如果想要将一个列表中的全部元素添加到另一个列表中,可以使用( )方法实现。

　　　A. append()　　　B. insert()　　　C. extend()　　　D. reversed()

【答案】 C

【难度】 中等

【解析】 extend()方法用于在列表末尾一次性追加另一个序列中的多个值(用新列表扩展原来的列表)。

(4) ( )函数用于对原列表中的元素进行排序。

　　　A. sorted()　　　B. sort()　　　C. count()　　　D. found()

【答案】 B

【难度】 中等

【解析】 列表对象有内置排序方法 sort()。sort()方法改变的是对象自身,所以元组在排序时要先转换为列表。sorted()函数不改变对象本身,它返回的是按照 key 的排序之后的可遍历对象。

(5) 以下关于 Python 自带数据结构的运算结果中错误的是( )。

　　　A. l=[1,2,3,4]; l.insert(2,−1) ; 则 l 为 [1,2,−1,4]

　　　B. l=[1,2,3,4]; l.pop(1) ; 则 l 结果为[1,3,4]

　　　C. l=[1,2,3,4]; l.pop(); 则 l.index(3) 结果为 2

　　　D. l=[1,2,3,4]; l.reverse(); 则 l[1]为 3

【答案】 A

【难度】 较难

【解析】 列表对象的 insert()方法将指定对象插入到列表中的指定位置。运行结果为[1,2,-1,3,4]。

（6）以下不能作为字典的 key 的是（   ）。

    A. 'num'　　　　　　　　　　　　　　B. listA=['className']

    C. 123　　　　　　　　　　　　　　　D. tupleA=('sum')

【答案】 B

【难度】 中等

【解析】 一个对象能不能作为字典的 key,就取决于其有没有__hash__方法。所以所有 Python 自带类型中,除了列表、字典、集合和内部至少带有上述三种类型之一的元组之外,其余的对象都能作为 key。

（7）对于一个列表 aList 和一个元组 bTuple,以下方法调用错误的是（   ）。

    A. sorted(aList)　　　　　　　　　　B. sorted(bTuple)

    C. aList.sort()　　　　　　　　　　　D. bTuple.sort()

【答案】 D

【难度】 中等

【解析】 sort()仅作用于 list 对象,没有返回值,修改对象本身。

（8）以下语句定义了一个 Python 字典的是（   ）。

    A. {1:2,2:3}　　　B. {1,2,3}　　　C. [1,2,3]　　　D. (1,2,3)

【答案】 A

【难度】 中等

【解析】 字典是另一种可变容器模型,且可存储任意类型对象。字典的每个键值对中的键和值用冒号":"隔开,每个键值对之间用逗号","隔开,整个字典包括在花括号"{}"中。

（9）字符串是一个字符序列,以下字符串 s 从右侧向左第 3 个字符用的索引是（   ）。

    A. s[3]　　　　　　B. S[-3]　　　　　C. s[0:-3]　　　　D. s[:-3]

【答案】 B

【难度】 中等

【解析】 略。

（10）执行以下操作后,list2 的值是（   ）。

```
list1=['a','b','c']
list2=list1
list1.append('de')
```

    A. ['a','b','c']　　　　　　　　　　　B. ['a','b','c','de']

    C. ['d','e','a','b','c']　　　　　　　D. ['a','b','c','d','e']

【答案】 B

【难度】 中等

【解析】 append()方法用于在列表末尾添加新的对象。

(11) (   )可以获得字符串 s 的长度。

    A. s.len()   B. s.length   C. len(s)   D. length(s)

【答案】 B

【难度】 中等

【解析】 Python 的 len()函数返回对象(字符、列表、元组等)长度或项目个数。

(12) 下列(   )类型的数据是不可变化的。

    A. 集合   B. 字典   C. 元组   D. 列表

【答案】 C

【难度】 中等

【解析】 Python 的元组与列表类似,不同之处在于元组的元素不能修改。

(13) 对于字典 d={'abc':1,'qwe':2,'zxc':3},len(d)的结果为(   )。

    A. 6   B. 3   C. 12   D. 9

【答案】 B

【难度】 中等

【解析】 字典对象的 len()方法用于计算字典元素个数,即键的总数。

(14) 以下程序的输出结果是(   )。

```
nums=[1,2,3,4]
nums.append([5,6,7,8])
print(len(nums))
```

    A. 4   B. 5   C. 8   D. 以上都不对

【答案】 B

【难度】 中等

【解析】 略。

(15) Python 的序列类型不包括(   )。

    A. 字符串   B. 列表   C. 元组   D. 字典

【答案】 D

【难度】 中等

【解析】 Python 的序列类型非常丰富,包括列表(list)、元组(tuple)、字符串(str)、字节数组(bytes)、队列(deque)。

(16) 若 vehicle = ['train','bus','car','ship'],则 vehicle[1]是(   )。

    A. train   B. bus   C. car   D. ship

【答案】 B

【难度】 中等

【解析】 略。

(17) 若 vehicle=['train','bus','car','ship'],则 vehicle[−1]是(   )。

    A. train   B. bus   C. car   D. ship

【答案】 D

【难度】 中等

【解析】　略。

（18）若 vehicle = ['train','bus','car','ship']，则 vehicle.index('car')的结果是（　　）。

　　　　A. 1　　　　　　　B. 2　　　　　　　C. 3　　　　　　　D. 4

【答案】　B

【难度】　中等

【解析】　Python 列表 index()方法用于从列表中找出某个对象第一个匹配项的索引位置，如果这个对象不在列表中会抛出一个异常。

（19）若 vehicle=['train','car','bus','subway','ship','bicycle','car']，则 vehicle.count('car')的结果是（　　）。

　　　　A. car　　　　　　B. 7　　　　　　　C. 1　　　　　　　D. 2

【答案】　D

【难度】　较难

【解析】　count()方法用于统计某个元素在列表中出现的次数。

（20）若 vehicle=[['train','car'],['bus','subway'],['ship','bicycle'],['car']]，则 len(vehicle)的结果是（　　）。

　　　　A. 1　　　　　　　B. 7　　　　　　　C. 6　　　　　　　D. 4

【答案】　D

【难度】　中等

【解析】　Python len()方法返回对象(字符、列表、元组等)长度或项目个数。

（21）若 vehicle=[['train','car'],['bus','subway'],['ship','bicycle'],['car']]，则 len(vehicle[1])的结果是（　　）。

　　　　A. 2　　　　　　　B. 7　　　　　　　C. 6　　　　　　　D. 4

【答案】　A

【难度】　中等

【解析】　略。

（22）以下不能创建一个字典的语句是（　　）。

　　　　A. dict1={}

　　　　B. dict2={3:5}

　　　　C. dict3={[1,2,3]:"uestc"}

　　　　D. dict4={(1,2,3):"uestc"}

【答案】　C

【难度】　中等

【解析】　值可以取任何数据类型,但键必须是不可变的,如字符串、数字或元组。

（23）中国诗词大会的一场比赛中,进行冠军争夺的四位选手分别为章敏、张东健、韩丽娜、王晓丹。如果想输出最后的冠军"章敏"和亚军"韩丽娜",下面可以实现的代码是（　　）。

　　　　A. mylist =['章敏','张东健','韩丽娜','王晓丹']
　　　　　　print(mylist[1,3])

    B. mylist＝['章敏','张东健','韩丽娜','王晓丹']

      print(mylist[::2])

    C. mylist＝['章敏','张东健','韩丽娜','王晓丹']

      print(mylist[1:3])

    D. mylist＝['章敏','张东健','韩丽娜','王晓丹']

      print(mylist[2])

【答案】　B

【难度】　中等

【解析】　列表的切片和字符串类似。切割是 Python 序列及其重要的操作,适用于列表、元组、字符串等。切割操作可以快速提取子列表或修改。标准格式是"[起始偏移量 start,终止偏移量 end,步长 step]"。

(24) 给定字典 d,以下对 d.keys()的描述正确的是(　　　)。

    A. 返回一个列表类型,包括字典 d 中所有键

    B. 返回一个集合类型,包括字典 d 中所有键

    C. 返回一种 dict_keys 类型,包括字典 d 中所有键

    D. 返回一个元组类型,包括字典 d 中所有键

【答案】　C

【难度】　中等

【解析】　keys()方法返回在字典中的所有可用的键的列表。

(25) 给定字典 d,以下选项中对 d.values()的描述正确的是(　　　)。

    A. 返回一种 dict_values 类型,包括字典 d 中所有值

    B. 返回一个集合类型,包括字典 d 中所有值

    C. 返回一个元组类型,包括字典 d 中所有值

    D. 返回一个列表类型,包括字典 d 中所有值

【答案】　A

【难度】　中等

【解析】　values()方法以列表返回字典中的所有值。

(26) 若 s＝'Python is beautiful!',则可以输出"python"的是(　　　)。

    A. print(s[:−14])   B. print(s[0:6].lower())

    C. print(s[0:6])   D. print(s)

【答案】　B

【难度】　中等

【解析】　Python 的 lower()函数可以转换字符串中所有大写字符为小写。lower()方法没有参数。返回值为将字符串中所有大写字符转换为小写后生成的字符串。

2. 判断题

(1) Python 字典中的"值"不允许重复。(　　　)

    A. 正确   B. 错误

【答案】　B

【难度】 容易

【解析】 键是唯一的,如果重复最后的一个键值对会替换前面的,值不必唯一。

(2) Python 列表中所有元素必须为相同类型的数据。(   )

  A. 正确   B. 错误

【答案】 B

【难度】 较难

【解析】 列表是常用的 Python 数据类型,它可以作为一个方括号内的逗号分隔值出现。列表的数据项不必具有相同的类型。

(3) Python 列表、元组、字符串都属于有序序列。(   )

  A. 正确   B. 错误

【答案】 A

【难度】 中等

【解析】 Python 数据的集合总称序列,分为有序序列和无序序列两类。有序序列包括列表、元组、字符串,无序序列包括字典、集合、控制集合数据的对象。

(4) 使用 Python 列表的 insert()方法为列表插入元素时会改变列表中插入位置之后元素的索引。(   )

    A. 正确   B. 错误

【答案】 A

【难度】 较难

【解析】 列表的 insert()方法用于将对象插入 Python 列表中,相当于列表添加操作。insert()也是列表 list 众多内建方法中的一个,属于常用的基础方法。

(5) 使用列表对象的 remove()方法可以删除列表中首次出现的指定元素,如果列表中不存在要删除的指定元素,则抛出异常。(   )

    A. 正确   B. 错误

【答案】 A

【难度】 较难

【解析】 remove()方法用于移除列表中某个值的第一个匹配项。如果 element 不存在,则会抛出 ValueError 异常。

(6) Python 字典中的键不允许重复。(   )

    A. 正确   B. 错误

【答案】 A

【难度】 容易

【解析】 略。

3. 简答题

(1) 简要描述 Python 常见的数据结构以及它们之间的区别。

Python 中常见的数据结构有元组(tuple)、列表(list)、字典(dic)、集合(set)。

① 元组用小括号()表示。

② 列表用中括号[]表示。

③ 字典用大括号{}表示。

④ 集合用关键字 set()来表示。

⑤ 字符串用"…"或者'…'表示。

⑥ 数值型数据直接用本身表示即可,不需要添加任何修饰。

区别:元组和字典中的键、字符串、整型和浮点型为不可变类型,也就是说不能对其进行修改;而列表和集合为可变类型,可以直接对其进行修改;同时因为列表和集合为可变类型,因此不能作为字典中的键。

(2) Python 的集合分为哪几类? 集合之间的运算有哪些?

集合(set)是一个无序的不重复元素序列。集合(set)有两种不同的类型:可变集合(set)和不可变集合(frozenset)。对可变集合(set),可以添加和删除元素;对不可变集合(frozenset)则不允许这样做。

集合之间也可进行数学集合运算(如并集、交集等),一组集合的并集是这些集合的所有元素构成的集合,而不包含其他元素。使用操作符|执行并集操作。同样地,也可使用方法 union()完成。两个集合 A 和 B 的交集是含有所有既属于 A 又属于 B 的元素,而没有其他元素的集合。使用 & 操作符执行交集操作。同样地,也可使用方法 intersection()完成。A 与 B 的差集是所有属于 A 且不属于 B 的元素构成的集合,使用操作符-执行差集操作。同样地,也可使用方法 difference()完成。两个集合的异或集是只属于其中一个集合,而不属于另一个集合的元素组成的集合。使用^操作符执行异或集操作,同样地,也可使用方法 symmetric_difference()完成。

第 4 章

程序流程控制

学习目标

（1）掌握程序的流程和基本结构。

（2）掌握顺序结构程序流程的控制方法。

（3）掌握选择结构程序流程的控制方法。

（4）掌握循环结构程序流程的控制方法。

要实现具体的程序功能，必须控制程序流程，不同流程的程序有三种基本结构：顺序结构、选择结构、循环结构。

顺序结构：程序按照语句的先后顺序，从上到下执行，中间没有任何判断、跳转或循环。前面章节的程序都是顺序结构的。

选择结构：通过分支控制语句，选择满足特定条件的分支执行，不满足条件的分支将不被执行。

循环结构：通过循环控制语句，根据循环条件，反复执行循环体（一条或多条语句）。

4.1 选择结构

常见的选择结构有单分支选择结构、双分支选择结构、多分支选择结构以及嵌套的分支结构。

4.1.1 单分支选择结构

1. 单分支 if 语句

单分支 if 语句的格式语法格式如下。

```
if 条件表达式：
    语句块
```

说明：

（1）条件表达式后面的冒号"："是不可缺少的，表示一个语句块的开始，并且语句块必须做相应的缩进。

（2）当条件表达式值为 True 或其他与 True 等价的值时,表示条件满足,语句块被执行;否则该语句块不会被执行,而是继续执行后面的代码(如果有)。流程图如图 4.1 所示。

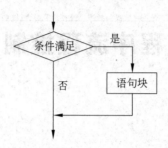

图 4.1   单分支 if 语句流程图

【例 4-1】   输入年龄,如果年龄小于 18 岁,则输出"未成年人禁止进入网吧"。
程序代码如下。

```
01    age = int(input("请输入年龄: "))
02    if age<18:
03        print("未成年人禁止进入网吧")
```

运行结果如图 4.2 所示。

图 4.2   单分支 if 语句——年龄判断

【例 4-2】   编写程序,从键盘输入两个整数,再从小到大输出。
程序代码如下。

```
01    a = int(input("输入第一个整数: "))
02    b = int(input("输入第二个整数: "))
03    if a>b:
04        a,b=b,a                    #交换变量 a、b 的值
05    print(a,b)
```

运行结果图 4.3 所示。

图 4.3   单分支 if 语句——两个数排序

2. 条件表达式

条件表达式可以是一个变量(或者值),也可以是由运算符连接运算符对象而组成的

表达式,绝大部分合法的 Python 表达式都可以作为条件表达式。在选择和循环结构中,条件表达式的值如果不是 False、0、0.0、空(None)、空列表、空元组、空集合、空字典、空字符串或其他空可遍历对象,Python 解释器均认为该条件表达式的值和 True 等价。

```
01    >>> if 66              #非零整数等价于 True
02        print(9)

      9
03    >>> a=[3,2,1]
04    >>> if a:              #非空列表等价于 True
05        print(a)

      [3, 2, 1]
06    >>> b=[]
07    >>> if b:              #空列表等价于 False
08        print("bbb")
```

4.1.2　双分支选择结构

双分支 if 语句的语法格式如下。

```
if 条件表达式:
    语句块 1
else:
    语句块 2
```

注意:

(1) 条件表达式和 else 后面的冒号“:”是不可缺少的。

(2) 如果条件满足(条件表达式值为 True 或等价于 True),则执行语句块 1。

(3) 如果条件不满足(条件表达式值为 False 或等价于 False),则执行语句块 2。

流程图如图 4.4 所示。

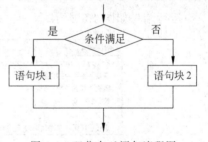

图 4.4　双分支 if 语句流程图

【例 4-3】　输入两个整数,将两个整数从小到大输出。

程序代码如下。

```
01    x=int(input("输入第一个整数: "))
02    y=int(input("输入第二个整数: "))
03    if x<y:
04        print(x,y)
05    else:
06        print(y,x)
```

运行结果如图 4.5 所示。

【例 4-4】　一个笼子里关了若干只鸡和兔子(鸡 2 只腿,兔子 4 只腿)。已知笼子里鸡和兔子的总数以及腿的总数,问笼子里有多少只鸡、多少只兔子?

```
exa0403 ×
F:\pythonProject\venv\Scripts\python.exe F:/pythonProject/exa0403.py
输入第一个整数: 25
输入第二个整数: 36
25  36

进程已结束，退出代码为 0
```

图 4.5 双分支 if 语句——两个数排序

分析：

（1）设鸡和兔的总数为 count。

（2）设腿的总数为 legs。

（3）设兔子的个数为 rabbits，则鸡的总数为 count－rabbits。

（4）根据题意可列出表达式：$2*(count－rabbits)+4*rabbits=legs$。

（5）整理后可以得出：$rabbits=(legs－count*2)/2$（rabbits 必须是大于或等于 0 的整数）。

程序代码如下。

```
01    count=int(input("请输入鸡和兔的总数："))
02    legs=int(input("请输入腿的总数: "))
03    if not (legs-count * 2)%2:
04        rabbits = int((legs-count * 2)/2)
05        print("鸡：{0},兔：{1}".format(count-rabbits,rabbits))
06    else:
07        print("鸡兔总数：{0},腿数：{1}的情况无解".format(count,legs))
```

运行结果如图 4.6 所示。

```
exa0404 ×
F:\pythonProject\venv\Scripts\python.exe F:/pythonProject/exa0404.py
请输入鸡和兔的总数: 30
请输入腿的总数: 88
鸡: 16, 兔: 14

进程已结束，退出代码为 0
```

图 4.6 双分支 if 语句——鸡兔同笼问题

4.1.3 多分支选择结构

多分支 if 语句的语法格式如下。

```
if 条件表达式 1:
    语句块 1
elif 条件表达式 2:
    语句块 2
...
elif 条件表达式 n:
    语句块 n
```

```
else:
    语句块 n+1
```

注意：

（1）条件表达式和 else 后面的冒号"："是不可缺少的。

（2）一个 if 只能有一个 else 语句，但是可以拥有多个 elif 语句。

（3）多分支结构的几个分支之间是有逻辑关系的，不能随意颠倒顺序。

多分支 if 语句流程图如图 4.7 所示，执行流程如下。

（1）求解条件表达式 1。如果条件 1 满足，则执行语句块 1 后转到第 n＋1 步。如果条件 1 不满足，则转到第 2 步。

（2）求解条件表达式 2。如果条件 2 满足，则执行语句块 2 后转到第 n＋1 步。如果条件 2 不满足，则转到第 3 步。

……

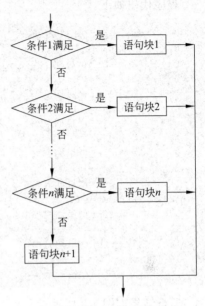

图 4.7　多分支 if 语句流程图

（n）求解条件表达式 n。如果条件 n 满足，则执行语句块 n 后转到第 n＋1 步。如果条件 n 不满足，则执行语句块 n＋1，转到第 n＋1 步。

（n＋1）执行后续语句。

【例 4-5】 从键盘输入三个整数，输出其中的最大值。

程序代码如下。

```
01    x=int(input("输入第一个整数："))
02    y=int(input("输入第二个整数："))
03    z=int(input("输入第三个整数："))
04    if x>y and x>z:
05        m=x
06    elif y>x and y>z:
07        m=y
08    else:
09        m=z
10    print("{0}、{1}、{2}中的最大数是：{3}".format(x,y,z,m))
```

运行结果如图 4.8 所示。

```
exa0405
F:\pythonProject\venv\Scripts\python.exe F:/pythonProject/exa0405.py
输入第一个整数：22
输入第一个整数：11
输入第一个整数：33
22、11、33中的最大数是：33

进程已结束，退出代码为 0
```

图 4.8　多分支 if 语句——求解三数最大值

【例 4-6】 从键盘输入一个整数(0~6),根据输入的数字输出星期几(0~6 分别对应星期日到星期六),如果输入数字不在范围内,则输出"输入数字不在 0~6 范围内"。

程序代码如下。

```
01    day = int(input("输入一个整数(0~6): "))
02    if day==1:
03        print("星期一")
04    elif day==2:
05        print("星期二")
06    elif day==3:
07        print("星期三")
08    elif day==4:
09        print("星期四")
10    elif day==5:
11        print("星期五")
12    elif day==6:
13        print("星期六")
14    elif day==0:
15        print("星期日")
16    else:
17        print("输入数字不在 0~6 范围内")
```

运行结果如图 4.9 所示。

exa0406 ×

```
F:\pythonProject\venv\Scripts\python.exe F:/pythonProject/exa0406.py
输入一个整数(0~6): 4
星期四

进程已结束,退出代码为 0
```

图 4.9 多分支 if 语句——输出星期几

4.1.4 嵌套的选择结构

嵌套的选择结构是指选择结构又包含另一个或多个选择结构。三种基本形式的 if 语句中,if 分支或 else 分支内,都可以包括完整的 if 语句。单分支 if 语句、双分支 if 语句、多分支 if 语句可以相互嵌套。

语法格式如下。

```
if 条件表达式 1:
    if 条件表达式 2:
        语句块 1
    else:
        语句块 2
else:
    if 条件表达式 3:
        语句块 3
    else:
        语句块 4
```

注意：同一级的语句块，必须保持缩进正确并且一致。

【**例 4-7**】 从键盘输入一个整数（0～6），根据输入的数字输出星期几（0～6 分别对应星期日到星期六），如果输入数字不在 0～6 范围内，数字大于 6 则输出"数字不能大于6"，数字小于 0 则输出"数字不能小于 0"。

程序代码如下。

```
01    day = int(input("输入一个整数(0~6): "))
02    if 6>=day>=0:
03        if day==1:
04            print("星期一")
05        elif day==2:
06            print("星期二")
07        elif day==3:
08            print("星期三")
09        elif day==4:
10            print("星期四")
11        elif day==5:
12            print("星期五")
13        elif day==6:
14            print("星期六")
15        else:
16            print("星期日")
17    else:
18        if day>6:
19            print("数字不能大于 6")
20        else:
21            print("数字不能小于 0")
```

运行结果如图 4.10 所示。

```
exa0407 ×
F:\pythonProject\venv\Scripts\python.exe F:/pythonProject/exa0407.py
输入一个整数（0~6）: 5
星期五

进程已结束，退出代码为 0
```

图 4.10 嵌套 if 语句——输出星期几

【**例 4-8**】 根据输入的成绩，输出成绩等级：优秀（90～100 分）、良好（70～89 分）、及格（60～69 分）、不及格（0～59 分）。

输入的成绩大于 100 分时，输出"成绩不能大于 100 分"；输入的成绩小于 0 分时，输出"成绩不能小于 0 分"。

程序代码如下。

```
01    score=int(input("输入学生成绩: "))
02    if(100>=score>=0):                    #有效成绩
03        if(score>=90):
04            print("成绩优秀!")
```

```
05          elif(score>=70):
06              print("成绩良好!")
07          elif(score>=60):
08              print("成绩及格!")
09          else:
10              print("成绩不及格!")
11      else:                              #无效成绩
12          if(score>100):
13              print("成绩不能大于 100 分")
14          else:
15              print("成绩不能小于 0 分")
```

运行结果如图 4.11 所示。

```
 exa0408 ×

F:\pythonProject\venv\Scripts\python.exe F:/pythonProject/exa0408.py
输入学生成绩: 95
成绩优秀!

进程已结束, 退出代码为 0
```

图 4.11   嵌套 if 语句——考试等级输出

【例 4-9】   出租车计费程序。

某市的出租车计费标准为,2 千米(包括 2 千米)以内 8 元,2 千米以后每 1 千米 1.5 元(不足 1 千米按 1 千米收费);每等待 5 分钟加收 1 元(不足 5 分钟不收费);超过 8 千米以后每 1 千米 2 元(不足 1 千米按 1 千米收费)。要求编写程序,对于任意给定的里程数(单位:千米)和等待时间(单位:分钟),计算出应付车费。

分析:

(1) dis 为距离(千米数)。

(2) time 为等待时间(分钟数)。

(3) cost 为应付车费(元)。

(4) 不足 1 千米按 1 千米收费,所以千米数要向上取整(math 模块的 ceil()方法)。

(5) 等待时间不足 5 分钟不收费,可以使用整除运算符(//)实现。

程序代码如下。

```
01      from math import ceil
02
03      dis=float(input("输入里程数: "))
04      time=float(input("输入等待时间(分钟): "))
05      cost=0.0
06      if(dis<0):
07          print("输入的距离非法!")
08      else:
09          if dis<=2:
10              cost+=8
11          elif dis<=8:
```

```
12              cost+=8+ceil(dis-2) * 1.5
13          else:
14              cost+=8+(8-2) * 1.5+ceil(dis-8) * 2
15
16      if(time<0):
17          print("输入的等待时间非法!")
18      else:
19          cost+=(time//5) * 1
20
21      print("应付的车费为: ",cost)
```

运行结果如图 4.12 所示。

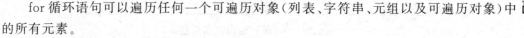

图 4.12　嵌套 if 语句——出租车计费

4.2　循环结构

Python 主要有 for 循环和 while 循环两种形式的循环结构,多个循环可以嵌套使用,并且还经常和选择结构嵌套使用来实现复杂的业务逻辑。

while 循环一般用于循环次数难以提前确定的情况,当然也可以用于循环次数确定的情况。

for 循环一般用于循环次数可以提前确定的情况,尤其适用于枚举或遍历序列(可遍历对象)中的元素。

4.2.1　for 循环语句

for 循环语句可以遍历任何一个可遍历对象(列表、字符串、元组以及可遍历对象)中的所有元素。

1. for 循环语句

for 循环语句的语法格式如下。

```
for 循环变量 in 序列或可遍历对象:
    语句块
```

说明:

(1) 序列或遍历对象后的冒号(:)不可以省略。

(2) 循环变量用于存放序列或遍历对象中读取出来的元素。

(3) 语句块(循环体)如果由多条语句组成,缩进需要保持一致。

for 循环的执行流程如下。

(1)判断序列或遍历对象中是否有未读取元素。如果有,则转到(2)。如果没有,转到(3)。

(2)取出一个未读取元素,执行语句块,转到(1)。

(3)结束循环,执行循环语句后的语句。

流程图如图 4.13 所示。

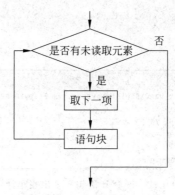

图 4.13   for 循环语句流程图

【例 4-10】 从键盘输入姓名,输出 3 遍"欢迎×××"。

程序代码如下。

```
01    name = input("输入姓名: ")
02    for i in range(1,4):
03        print("欢迎",name)
```

运行结果如图 4.14 所示。

```
exa0410 ×
F:\pythonProject\venv\Scripts\python.exe F:/pythonProject/exa0410.py
输入姓名: 王明
欢迎 王明
欢迎 王明
欢迎 王明
```

图 4.14   for 循环输出欢迎信息

【例 4-11】 利用 for 循环语句,求从 1 到 100 所有整数的和。

程序代码如下。

```
01    mysum=0
02    for i in range(1,101):
03        mysum+=i
04    print("从 1 到 100 所有整数的和是: ",mysum)
```

运行结果如图 4.15 所示。

【例 4-12】 编写程序,输入一个整数 n,使用 for 循环语句求解 n 的阶乘。

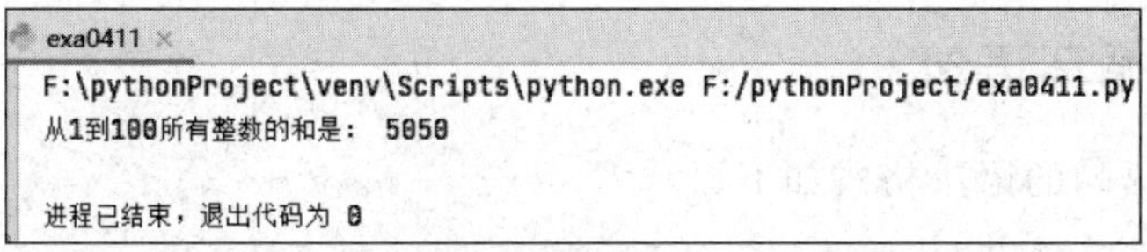

图 4.15　for 循环求解 1～100 所有整数的和

程序代码如下。

```
01    n=int(input("输入一个整数："))
02    fac = 1
03    for i in range(1,n+1):
04        fac * = i
05    print("{0}! ={1}".format(n,fac))
```

运行结果如图 4.16 所示。

图 4.16　for 循环求解阶乘

2. range()方法

range()方法是 Python 的一个内置方法，返回的是一个可遍历对象（类型是对象）。该对象可以用"[]"或 list()方法转换为元素为一系列整数的列表。range()方法多用于 for 循环中。其语法格式如下。

```
range([start,]end[,step])
```

说明：

（1）start 为可选参数，整型，用于指定开始位置，默认为 0。

（2）end 不可以省略，整型，用于指定结束位置，但不包括 end。

（3）step 为可选参数，整型，用于指定步长，默认为 1，可以是负数。

（4）range()方法返回一个可遍历对象。

```
01    >>> range(5)              #默认 start=0,默认 step=1,给定 end=5
      range(0, 5)
02    >>> list(range(5))        #将返回的可遍历对象转换为列表
      [0, 1, 2, 3, 4]
03    >>> list(range(3,10))     #指定 start=3,默认 step=1,指定 end=10
      [3, 4, 5, 6, 7, 8, 9]
04    >>> list(range(10,3,-3))  #指定 start=10,指定 step=-3,指定 end=3
      [10, 7, 4]
05    >>> list(range(10,20,-3)) #指定 start=10,指定 step=-3,指定 end=20
      []
```

4.2.2　while 循环语句

while 循环语句的语法格式如下。

```
while 条件表达式:
    语句块
```

说明：

(1) 条件表达式后的冒号(:)不可以省略。

(2) 语句块(循环体)如果由多条语句组成,缩进需要保持一致。

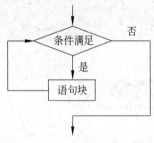

图 4.17　while 循环语句流程图

执行流程如下。

(1) 判断条件是否满足,如果条件满足(条件表达式值为 True 或等价于 True),则转到(2)。如果条件不满足(条件表达式值为 False 或等价于 False),则转到(3)。

(2) 执行语句块,转到(1)。

(3) 结束循环,执行循环语句后的语句。

流程图如图 4.17 所示。

【例 4-13】　从键盘输入姓名,输出 3 遍"欢迎×××"。

程序代码如下。

```
01    name = input("输入姓名: ")
02    n=1
03    while n<=3:
04        print("欢迎", name)
05        n+=1
```

运行结果如图 4.18 所示。

```
exa0413 ×
F:\pythonProject\venv\Scripts\python.exe F:/pythonProject/exa0413.py
输入姓名: 王明
欢迎 王明
欢迎 王明
欢迎 王明
```

图 4.18　while 循环输出欢迎信息

【例 4-14】　使用 while 循环语句,求 1～100 所有整数的和。

程序代码如下。

```
01    mysum=0
02    i=1
03    while i<=100:
04        mysum+=i
05        i+=1
06    print("从 1 到 100 所有整数的和是: ",mysum)
```

运行结果如图 4.19 所示。

F:\pythonProject\venv\Scripts\python.exe F:/pythonProject/exa0414.py
从1到100所有整数的和是: 5050

进程已结束, 退出代码为 0

图 4.19 while 循环求解 1~100 所有整数的和

【例 4-15】 编写程序,输入一个整数 n,使用 while 循环语句求解 n 的阶乘。

程序代码如下。

```
01    n=int(input("输入一个整数: "))
02    fac = 1
03    i=1
04    while i<=n:
05        fac * =i
06        i+=1
07    print("{0}! ={1}".format(n,fac))
```

运行结果如图 4.20 所示。

F:\pythonProject\venv\Scripts\python.exe F:/pythonProject/exa0415.py
输入一个整数: 5
5!=120

进程已结束, 退出代码为 0

图 4.20 while 循环求解阶乘

【例 4-16】 输入 5 个学生的数学成绩,并输出最高分、最低分和平均分。

程序代码如下。

```
01    sums=maxs=mins=score=int(input("输入第 1 个学生成绩: "))
02    i=2
03    while(i<=5):
04        score = int(input("输入第{0}个学生成绩: ".format(i)))
05        sums+=score
06        maxs=max(maxs,score)
07        mins=min(mins,score)
08        i += 1
09    print("最高分为: {0}".format(maxs))
10    print("最低分为: {0}".format(mins))
11    print("平均分为: {0}".format(sums/5))
```

运行结果如图 4.21 所示。

4.2.3 循环嵌套

一个循环体内可以包含另一个完整的循环结构,称为循环的嵌套。内循环中还可以
嵌套循环,这就是多层循环。while 循环和 for 循环可以互相嵌套。

```
exa0416
F:\pythonProject\venv\Scripts\python.exe F:/pythonProject/exa0416.py
输入第1个学生成绩: 95
输入第2个学生成绩: 45
输入第3个学生成绩: 62
输入第4个学生成绩: 36
输入第5个学生成绩: 45
最高分为: 95
最低分为: 36
平均分为: 56.6

进程已结束，退出代码为 0
```

图 4.21　while 循环统计成绩信息

【例 4-17】 输出九九乘法表。

运行结果如图 4.22 所示。

```
exa0417
F:\pythonProject\venv\Scripts\python.exe F:/pythonProject/exa0417.py
1 * 1 = 1
1 * 2 = 2   2 * 2 = 4
1 * 3 = 3   2 * 3 = 6   3 * 3 = 9
1 * 4 = 4   2 * 4 = 8   3 * 4 = 12  4 * 4 = 16
1 * 5 = 5   2 * 5 = 10  3 * 5 = 15  4 * 5 = 20  5 * 5 = 25
1 * 6 = 6   2 * 6 = 12  3 * 6 = 18  4 * 6 = 24  5 * 6 = 30  6 * 6 = 36
1 * 7 = 7   2 * 7 = 14  3 * 7 = 21  4 * 7 = 28  5 * 7 = 35  6 * 7 = 42  7 * 7 = 49
1 * 8 = 8   2 * 8 = 16  3 * 8 = 24  4 * 8 = 32  5 * 8 = 40  6 * 8 = 48  7 * 8 = 56  8 * 8 = 64
1 * 9 = 9   2 * 9 = 18  3 * 9 = 27  4 * 9 = 36  5 * 9 = 45  6 * 9 = 54  7 * 9 = 63  8 * 9 = 72  9 * 9 = 81

进程已结束，退出代码为 0
```

图 4.22　九九乘法表

方法一：for 循环嵌套 for 循环。

程序代码如下。

```
for line in range(1,10):                              #从第 1 行到第 9 行
    for col in range(1,line+1):                       #从第 1 列到第 line 列
        res="{0} * {1} = {2:<3d}".format(col,line,col * line);
        print(res,end=' ')                            #输出一个等式
    print()                                           #输出 1 行后换行
```

方法二：for 循环嵌套 while 循环。

程序代码如下。

```
line=1
while line<=9:
    for col in range(1,line+1):                       #从第 1 列到第 line 列
        res="{0} * {1} = {2:<3d}".format(col,line,col * line);
        print(res,end=' ')                            #输出一个等式
    print()                                           #输出 1 行后换行
    line+=1
```

方法三：while 循环嵌套 while 循环。

程序代码如下。

```
01    line=1
02    while line<=9:
03        col=1
04        while col<=line:                          #从第 1 列到第 line 列
05            res="{0} * {1} = {2:<3d}".format(col,line,col*line);
06            print(res,end=' ')                    #输出一个等式
07            col+=1
08        print()                                   #输出 1 行后换行
09        line+=1
```

4.2.4　break 和 continue 语句

break 语句用在循环语句中，用来跳出所在的循环，结束正在执行的循环体语句块。break 语句的语法格式如下。

```
break
```

break 语句一般会结合 if 语句一起使用，表示某种条件下跳出循环。

continue 语句用在循环语句中，用来提前结束本次循环，忽略 continue 语句之后的所有语句，提前进入下一次循环。continue 语句的语法格式如下。

```
continue
```

【例 4-18】　在循环中使用 break 语句。

程序代码如下。

```
01    for i in range(5):
02        if(i==3):
03            break                #跳出循环
04        print("循环",i)
05    print("跳出循环后: ",i)
```

运行结果如图 4.23 所示。

图 4.23　break 语句的使用

【例 4-19】　在循环中使用 continue 语句。

程序代码如下。

```
01    for i in range(5):
02        if(i==3):
```

```
03          continue              #结束本次循环
04      print("循环",i)
05   print("跳出循环后: ",i)
```

运行结果如图 4.24 所示。

```
exa0419 ×
F:\pythonProject\venv\Scripts\python.exe F:/pythonProject/exa0419.py
循环 0
循环 1
循环 2
循环 4
跳出循环后: 4
```

图 4.24   continue 语句的使用

4.2.5   带 else 的 for 循环语句和 while 循环语句

while 循环语句和 for 循环语句中都可以有 else 子句,对于带有 else 子句的循环结构,如果循环因为条件表达式不成立或序列遍历结束而自然结束,则执行 else 结构中的语句,如果循环是因为执行了 break 语句而导致循环提前结束,则不会执行 else 中的语句。

1. 带 else 的 for 循环语句

语法格式如下。

```
for 循环变量 in 序列或可遍历对象:
    语句块 1
[else:
    语句块 2
]
```

流程图如图 4.25 所示。

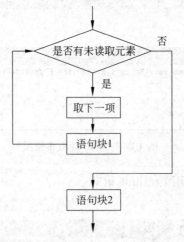

图 4.25   带 else 的 for 循环语句流程图

【例 4-20】　输出指定成绩列表中的优秀成绩(90～100 分),所有成绩遍历之后,输出"成绩遍历完毕,退出循环"。

程序代码如下。

```
01    scores=[95,78,98,110,100,85,86,90]
02    for item in scores:
03        if 100>=item>=90:
04            print(item)
05    else:
06        print("成绩遍历完毕,退出循环")
```

运行结果如图 4.26 所示。

图 4.26　带 else 的 for 循环 1

【例 4-21】　输出指定成绩列表中的优秀成绩(90～100 分),遍历所有成绩后,输出"成绩遍历完毕,退出循环"。如果遇到大于 100 分的成绩,则结束循环,并输出"数据不合法,退出循环"。

程序代码如下。

```
01    scores=[95,78,98,110,100,85,86,90]
02    for item in scores:
03        if 100>=item>=90:
04            print(item)
05        elif item>100:
06            print("数据不合法,退出循环")
07            break
08    else:
09        print("成绩遍历完毕,退出循环")
```

运行结果如图 4.27 所示。

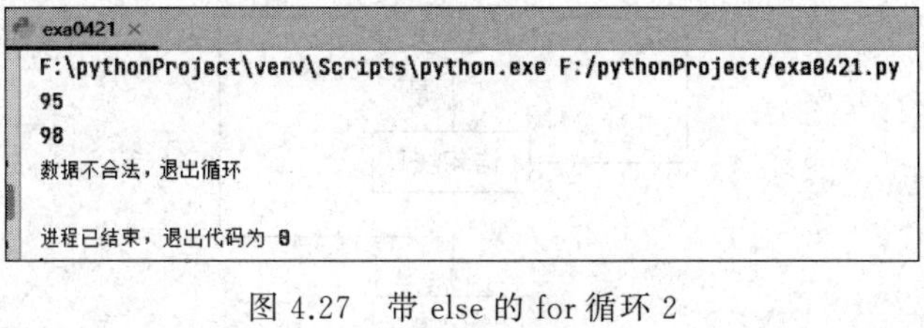

图 4.27　带 else 的 for 循环 2

【例 4-22】　编写程序,求小于 100 的最大素数。

分析:素数又称质数,是指除了 1 和它本身以外,不能被任何整数整除的数(例如 17

就是素数,因为它不能被 $2\sim16$ 的任一整数整除)。判断方法如下。

(1) 判断一个整数 m 是否是素数,令 m 被 $2\sim m-1$ 的每一个整数去除,如果都不能被整除,那么 m 就是一个素数。

(2) 判断方法可以简化。令 m 被 $2\sim\sqrt{m}$ 的每一个整数去除,如果都不能被整除,那么 m 就是一个素数。

程序代码如下。

```
01    for n in range(100,1,-1):
02        if n%2==0:
03            continue
04        for i in range(3,int(n*n*0.5)+1,2):
05            if n%i==0:
06                break                    #不是素数,结束内循环
07        else:
08            print('100以内的最大素数是: ',n)
09            break                        #输出素数,结束外循环
```

运行结果如图 4.28 所示。

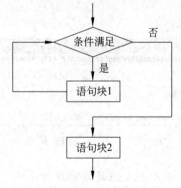

图 4.28　100 以内的最大素数

2. 带 else 的 while 循环语句

语法格式如下。

```
while 条件表达式:
    语句块 1
[else:
    语句块 2
]
```

流程图如图 4.29 所示。

图 4.29　带 else 的 while 循环语句流程图

【**例 4-23**】　输出指定成绩列表中的优秀成绩(90～100 分),所有成绩遍历之后,输出"成绩遍历完毕,退出循环"。

程序代码如下。

```
01    scores=[95,78,98,110,100,85,86,90]
02    i=0
03    while i<len(scores):
04        if 100>=scores[i]>=90:
05            print(scores[i])
06        i+=1
07    else:
08        print("成绩遍历完毕,退出循环")
```

运行结果如图 4.30 所示。

图 4.30　带 else 的 while 循环 1

【**例 4-24**】　输出指定成绩列表中的优秀成绩(90～100 分),所有成绩遍历之后,输出"成绩遍历完毕,退出循环"。如果遇到大于 100 分的成绩,则结束循环,并输出"数据不合法,退出循环"。

程序代码如下。

```
01    scores=[95,78,98,110,100,85,86,90]
02    i=0
03    while i<len(scores):
04        if 100>=scores[i]>=90:
05            print(scores[i])
06        elif scores[i]>100:
07            print("数据不合法,退出循环")
08            break
09        i+=1
10    else:
11        print("成绩遍历完毕,退出循环")
```

运行结果如图 4.31 所示。

图 4.31　带 else 的 while 循环 2

4.3   pass 语句

Python 中，pass 是空语句，它存在的目的是保持结构的完整性。pass 语句不做任何事情，一般用作占位语句。语法格式如下。

```
pass
```

【例 4-25】 输入 5 个学生成绩，如果输入合法，则存入成绩列表，如果输入不合法，则忽略输入。

程序代码如下。

```
01    scores=[]
02    n=1
03    while n<=5:
04        s=int(input("输入第{0}个学生成绩: ".format(n)))
05        if s>100 or s<0:
06            pass
07        else:
08            scores.append(s)
09            n+=1
10    print("成绩列表: ",scores)
```

运行结果如图 4.32 所示。

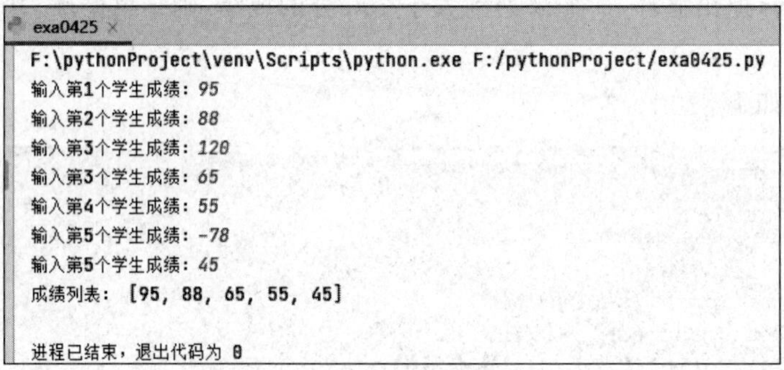

图 4.32   pass 语句的使用

4.4   项目训练

1. 兔子繁殖问题

【例 4-26】 一对兔子从出生后第 3 个月开始，每月生一对小兔子。小兔子到第 3 个月又开始生一对新兔子。假若兔子只生不死，第 1 个月抱来一对刚出生的小兔子，问第 n 个月有多少对兔子？

分析：设第 1 个月的兔子叫兔 1，第 3 个月生的兔子叫兔 3，第 n 个月生的兔子叫

兔 n。

第 1 个月,1 对兔 1,共 1 对。

第 2 个月,1 对兔 1,共 1 对。

第 3 个月,1 对兔 1,1 对兔 3,共 2(1+1)对。

第 4 个月,1 对兔 1,1 对兔 3,1 对兔 4,共 3(1+2)对。

第 5 个月,1 对兔 1,1 对兔 3,1 对兔 4,2 对兔 5,共 5(2+3)对。

第 6 个月,1 对兔 1,1 对兔 3,1 对兔 4,2 对兔 5,3 对兔 6,共 8(3+5)对。

……

观察得到,第 1 个月、第 2 个月,兔子的对数是 1 对。从第 3 个月开始,兔子的对数是前两个月兔子对数的和,如图 4.33 所示。

月份	1	2	3	4	5	6	7
兔子总对数	1	1	2	3	5	8	13
有生育能力兔子数	0	0	1	1	2	3	5

图 4.33　兔子繁殖问题分析

程序代码如下。

```
01    months=int(input("输入月数: "))
02    count=[0]                              #个数列表
03    if months==1:
04        count.append(1)
05    elif months==2:
06        count.extend([1,1])
07    else:
08        count.extend([1, 1])
09        for i in range(3,months+1):
10            count.append(count[i-1]+count[i-2])
11
12    for i in range(1,months+1):
13        print("第{0}个月有{1}对兔子".format(i,count[i]))
```

运行结果如图 4.34 所示。

```
exa0426 ×
F:\pythonProject\venv\Scripts\python.exe F:/pythonProject/exa0426.py
输入月数: 8
第1个月有1对兔子
第2个月有1对兔子
第3个月有2对兔子
第4个月有3对兔子
第5个月有5对兔子
第6个月有8对兔子
第7个月有13对兔子
第8个月有21对兔子

进程已结束,退出代码为 0
```

图 4.34　兔子繁殖问题结果

2. 百钱买百鸡

【例 4-27】 百钱买百鸡。

现有 100 文钱,公鸡 5 文钱 1 只,母鸡 3 文钱 1 只,小鸡 1 文钱 3 只,要求公鸡、母鸡、小鸡都要有,把 100 文钱花完,买的鸡的数量正好是 100 只。求一共能买多少只公鸡,多少只母鸡,多少只小鸡。

分析:

(1) 公鸡只数:cock;母鸡只数:hen;小鸡只数:chicken。

(2) 一只公鸡 5 文钱,最多买 20(100/5)只。

(3) 一只母鸡 3 文钱,最多买 33(100/3)只。

(4) 共 100 只鸡:cock+hen+chicken=100。

(5) 共 100 文钱:cock * 5+chicken * 3+chicken/3=100。

程序代码如下。

```
01    for cock in range(0,int(100/5)):           #公鸡 1~20 只
02        for hen in range(0,int(100/3)):         #母鸡 1~33 只
03            chicken=100-cock-hen                 #小鸡=100-公鸡-母鸡
04            if chicken%3! =0:                    #小鸡 1 文钱 3 只,小鸡的只数能被 3 整除
05                continue
06            if cock * 5+hen * 3+chicken/3==100:   #百钱百只
07                print("公鸡{0}只\t 母鸡{1}只\t 小鸡{2}只\t".format(cock,hen,
                  chicken))
```

运行结果如图 4.35 所示。

图 4.35 百钱买百鸡

4.5 本章小结

本章主要介绍了 Python 的流程控制语句,包括选择结构控制语句(单分支、双分支、多分支 if 语句以及嵌套的 if 语句)。循环结构控制语句(for 循环语句、while 循环语句、嵌套循环语句);转移控制语句(break 语句和 continue 语句);空语句(pass)。使用这些控制语句,就可以实现各种程序流程,从而实现各种逻辑结构的程序设计。

习题 4

1. 单项选择题

(1) if-elif-else 中的 elif 的含义是(　　　)。

A. 如果　　　　　B. 否则　　　　　C. 否则如果　　　　D. 结束

【答案】　C

【难度】　容易

【解析】　elif 是 else if 的简写。else 和 elif 语句也可以叫作子句,因为它们不能独立使用,两者都是出现在 if、for、while 语句内部的。else 子句可以增加一种选择;而 elif 子句则在需要检查更多条件时被使用,与 if 和 else 一同使用。

(2) 多分支结构可以判断的条件有(　　)。

A. 2 个　　　　　B. 3 个　　　　　C. 4 个　　　　　D. 无数个

【答案】　D

【难度】　容易

【解析】　当需要根据多个条件进行判断,满足不同条件执行不同代码块时,需要编写多分支结构。Python 中 if 语句与 elif 语句和 else 语句结合可实现多分支结构。

(3) randint(5,10)的取值范围是(　　)。

A. 5~9 的整数　　　　　　　　　B. 5~10 的整数

C. 6~9 的整数　　　　　　　　　D. 6~10 的整数

【答案】　B

【难度】　中等

【解析】　在 Python 中的 random.randint(a,b)用于生成一个指定范围内的整数。其中参数 a 是下限,参数 b 是上限,生成的随机数 n: $a <= n <= b$。

(4) 条件为"假"的正确写法是(　　)。

A. FALSE　　　　B. false　　　　C. False　　　　D. FAlse

【答案】　C

【难度】　容易

【解析】　略。

(5) 下列表示跳出当前循环的关键字是(　　)。

A. end　　　　　B. continue　　　　C. break　　　　D. exit

【答案】　C

【难度】　容易

【解析】　略。

(6) 实现多路分支的最佳控制结构是(　　)。

A. if　　　　　B. if-elif-else　　　　C. try　　　　D. if-else

【答案】　B

【难度】　容易

【解析】　略。

(7) 下列关于循环的说法不正确的是(　　)。

A. Python 中可以应用 do-while 循环

B. Python 中的 for 循环和 while 循环都可以带有 else 子句

C. while 循环需要有一个控制条件来决定是否执行循环体中的语句

D. for 循环通常适用于枚举、遍历序列以及可遍历对象中的元素

【答案】 A

【难度】 容易

【解析】 Python 提供了 for 循环和 while 循环(在 Python 中没有 do-while 循环)。

(8) x＝1+2

　　　if(x＞＝2)：

　　　　　print("1")

　　　else：

　　　　　print("0")

程序的输出结果是(　　)。

　　　A. 0　　　　　　　B. 1　　　　　　　C. 2　　　　　　　D. 3

【答案】 B

【难度】 容易

【解析】 当 if 语句后面的"判断条件"成立时(非零),执行后面的语句。

(9) for i in range(3)：

　　　　　print(2,end＝",")

程序的执行结果是(　　)。

　　　A. 2,2,2,　　　　　B. 2,2,2　　　　　C. 2 2 2　　　　　D. 2 2 2,

【答案】 A

【难度】 容易

【解析】 Python 的 for 循环可以遍历任何序列的项目,如一个列表或者一个字符串。

(10) for i in range(1,10)：

　　　　　print("Hello")

该循环执行(　　)次。

　　　A. 11　　　　　　B. 10　　　　　　C. 9　　　　　　D. 8

【答案】 C

【难度】 中等

【解析】 range()是一个函数,for i in range()就是给 i 依次赋值,比如 for i in range(1,3):,就是把 1、2 依次赋值给 i,range()函数的格式为 range(start, stop[, step]),参数分别是起始值、终止值和步长,range(3)即表示从 0 到 3,不包含 3,即 0、1、2。

(11) 以下程序的输出结果是(　　)。

```
names=['小明','小红','小白','小新']
if '小明朋友' in names:
print('存在')
else:
print('不存在')
```

　　　A. 存在　　　　　B. 不存在　　　　　C. 程序错误　　　　　D. 不确定

【答案】 B

【难度】　容易

【解析】　in 表示如果在指定的序列中找到值,则返回 True,否则返回 False。

（12）当循环条件一直满足时,程序会一直循环下去,如果想要完全终止循环,需要使用（　　）语句。

　　　　A. break 语句　　　　B. pass 语句　　　　C. if 语句　　　　D. continue 语句

【答案】　A

【难度】　容易

【解析】　break 语句用来终止循环语句,即循环条件没有 False 条件或者序列还没有被完全递归完,也会停止执行循环语句。

（13）若想输出 100 以内所有的偶数,_____处应填入（　　）。

```
for i in range(_____):
    print(i)
```

　　　　A. 2,100　　　　B. 0,2,100　　　　C. 0,100,2　　　　D. 2,100,0

【答案】　B

【难度】　容易

【解析】　略。

（14）下列有关 break 语句与 continue 语句的说法不正确的是（　　）。

　　　　A. 当多个循环语句彼此嵌套时,break 语句只适用于所在层的循环

　　　　B. continue 语句类似于 break 语句,也必须在 for、while 循环中使用

　　　　C. continue 语句结束循环,继续执行循环语句的后继语句

　　　　D. break 语句结束循环,继续执行循环语句的后继语句

【答案】　D

【难度】　中等

【解析】　略。

（15）在循环语句中,（　　）语句的作用是提前结束本次循环。

　　　　A. else　　　　B. pass　　　　C. break　　　　D. continue

【答案】　C

【难度】　容易

【解析】　略。

（16）下面代码的输出结果是（　　）。

```
for s in "HelloWorld":
if s=="W":
continue
print(s,end="")
```

　　　　A. Hello　　　　B. HelloWorld　　　　C. Helloorld　　　　D. World

【答案】　C

【难度】　容易

【解析】　略。

(17) "ab"＋"c" ＊ 2 的结果是(　　)。

　　　A. abc2　　　　　　B. abcabc　　　　　C. abcc　　　　　D. ababcc

【答案】　C

【难度】　容易

【解析】　略。

(18) 下面程序的执行结果是(　　)。

```
s=0
for i in range(1,101):
    s+=i
    if i== 50:
        print(s)
        break
```

　　　A. 41　　　　　　B. 55　　　　　　C. 1275　　　　　D. 1205

【答案】　C

【难度】　较难

【解析】　当 i 的值为 50 时跳出循环。

(19) 若有以下代码：

```
sum = 0
for i in range(1,11):
    sum += i
    print(sum)
```

则以下选项中描述正确的是(　　)。

　　　A. 循环内语句块执行了 11 次

　　　B. sum ＋＝ i 可以写为 sum ＋＝ i

　　　C. 如果 print(sum) 语句完全左对齐,输出结果不变

　　　D. 输出的最后一个数字是 55

【答案】　C

【难度】　较难

【解析】　sum 是对数进行累加。

(20) 下面程序的执行结果是(　　)。

```
for i in range(1,6):
    if i%3 == 0:
        break
    else:
        print(i,end =",")
```

　　　A. 1,2,3,　　　　B. 1,2,3,4,5,6　　C. 1,2,　　　　D. 1,2,3,4,5,

【答案】　C

【难度】　较难

【解析】　当 i 的值除以 3 余数为零时跳出循环。

(21) 下面程序的执行结果是(　　)。

```
for i in range(1,6):
    if i/3 == 0:
        break
    else:
        print(i,end =",")
```

　　A. 1,2,3,　　　　　　B. 1,2,3,4,5,　　　　　C. 1,2,3,4,　　　　　D. 1,2,

【答案】　B

【难度】　较难

【解析】　在 Python 中,"/"表示浮点数除法,返回浮点结果,也就是结果为浮点数。

2. 判断题

(1) 条件语句 if 书写时语句后面必须加上":"结束。(　　)

　　A. 正确　　　　　　　　B. 错误

【答案】　A

【难度】　容易

【解析】　Python 编程中 if 语句用于控制程序的执行。

(2) 多分支结构可以判断若干个不同的条件。(　　)

　　A. 正确　　　　　　　　B. 错误

【答案】　A

【难度】　容易

【解析】　多分支结构是根据不同条件来选择语句块运行的一种分支结构,多分支结构需要判断多个条件,根据判断当前条件是否成立来决定是否执行当前语句块,当所有条件都不成立时,执行 else 的语句块。

(3) Python 中的 for 循环次数是由所设置的循环变量数值决定的。(　　)

　　A. 正确　　　　　　　　B. 错误

【答案】　B

【难度】　中等

【解析】　在 Python 中,for 循环用作对象遍历器(literator),在循环体中改变循环变量的值对循环次数是没有影响的。

(4) 死循环语句无法打破。(　　)

　　A. 正确　　　　　　　　B. 错误

【答案】　B

【难度】　中等

【解析】　在循环中可以改变循环条件。

(5) Python 中循环语句只有 for 和 while 两种。(　　)

　　A. 正确　　　　　　　　B. 错误

【答案】 A

【难度】 容易

【解析】 Python 中有两种循环,分别为 for 循环和 while 循环。for 循环可以遍历任何序列的项目,如一个列表或者一个字符串。while 语句用于循环执行程序,即在某条件下,循环执行某段程序,以处理需要重复处理的相同任务。

(6) 用来判断当前 Python 语句是否在分支结构中的是引号。( )

    A. 正确　　　　　　　　B. 错误

【答案】 B

【难度】 中等

【解析】 用来判断当前 Python 语句是否在分支结构中的是缩进。

(7) 条件 24<=28<25 是合法的,且输出为 False。( )

    A. 正确　　　　　　　　B. 错误

【答案】 A

【难度】 中等

【解析】 略。

(8) Python 中没有 switch-case 语句。( )

    A. 正确　　　　　　　　B. 错误

【答案】 A

【难度】 中等

【解析】 略。

(9) 如果仅仅是用于控制循环次数,那么使用 for i in range(20) 和 for i in range(20, 40) 的作用是等价的。( )

    A. 正确　　　　　　　　B. 错误

【答案】 A

【难度】 中等

【解析】 略。

(10) 在编写多层循环时,为了提高运行效率,应尽量减少内循环中不必要的计算。( )

    A. 正确　　　　　　　　B. 错误

【答案】 A

【难度】 中等

【解析】 略。

3. 简答题

(1) Python 的循环语句有哪些? 请分别说明。

Python 提供了 for 循环和 while 循环(在 Python 中没有 do-while 循环),Python 编程中 while 语句用于循环执行程序,即在某条件下,循环执行某段程序,以处理需要重复处理的相同任务。其基本形式如下。

```
while 条件表达式:
    语句块
```

执行语句可以是单个语句或语句块。条件表达式可以是任何表达式,任何非零或非空(Null)的值均为 True。

Python for 循环可以遍历任何序列的项目,如一个列表或者一个字符串。for 循环的语法格式如下。

```
for 循环变量 in 序列或可遍历对象:
    语句块
```

当判断条件为假时,循环结束。

(2) 打印出所有的"水仙花数"。"水仙花数"是指一个三位数,其各位数字立方和等于该数本身。例如,153 是一个"水仙花数",因为 $153 = 1^3 + 5^3 + 3^3$。代码如下。

```
#利用 for 循环控制 100~999 个数,每个数分解出个位、十位和百位
for i in range(100,1000):
    a = i//100
    b= (i%100)//10
    c=i%10
    if(i == a*a*a+b*b*b+c*c*c):
        print(i)
```

第 5 章

函　数

在前面的章节中,所有代码都是从上到下依次执行的,如果某段代码需要多次使用,则需要将该段代码多次复制。这种做法势必会影响到开发效率,在实际项目开发中是不可取的。如果要多次使用某段代码,在 Python 中,可以使用函数来达到这个目的。把实现某一功能的代码定义为一个函数,在需要使用时,随时调用即可,十分方便。对于函数,简单理解就是可以完成某项工作的代码块,类似于积木块,可以反复地使用。本章将对如何定义和调用函数以及函数的参数、变量的作用域等进行详细介绍。

5.1　函数的创建和调用

提到函数,大家会想到数学函数,函数是数学最重要的一个模块,贯穿整个数学学习。在 Python 中,函数的应用非常广泛。在前面已经多次接触过函数。例如,用于输出的 print()函数、用于输入的 input()函数以及用于生成一系列整数的 range()函数。这些都是 Python 内置的标准函数,可以直接调用。除了可以直接使用的标准函数外,用户也可以自己创建函数,这种函数叫作用户自定义函数。函数是组织好的,可重复使用的,用来实现单一或相关联功能的代码段,来达到一次编写多次调用的目的。使用函数可以提高代码的重复利用率。

5.1.1　函数的创建

用户可以定义一个有自己想要的功能的函数,以下是简单的规则。

（1）函数代码块以 def 关键词开头,后接函数标识符名称和小括号()。

（2）任何传入参数和自变量必须放在小括号中间。

（3）函数的第一行语句可以选择性地使用文档字符串,用于存放函数功能说明,相当于为函数加上注释,为用户提供友好提示和帮助的内容。

（4）函数内容以冒号起始,并且缩进。

（5）函数可以有多个参数,也可以没有参数,但定义和调用时必须要有一对小括号,表示这是一个函数并且不接收参数。

（6）定义函数时不需要声明参数类型,解释器会根据实参的类型自动推断形参类型。

（7）return 语句用于结束函数,可以选择性地返回一个值给调用者。不带表达式的 return 语句相当于返回 None。

创建函数也称为定义函数,可以理解为创建一个具有某种用途的工具,具体的语法格式如下。

```
def functionname([parameters]):
    '''函数功能说明'''
    functionbody
    return [expression]
```

其中,functionname 是函数名称,调用函数时使用。parameters 是可选参数,用于指定函数中传递的参数,如果有多个参数,各参数间使用逗号","分隔;如果不指定,则表示该函数没有参数,在调用时也不指定参数。functionbody 是函数体,即该函数被调用后,要执行的功能代码。

提示:即使函数没有参数,也必须保留一对空的小括号"()",否则会出现错误提示。函数体和注释相对于 def 关键字必须保持一定的缩进。

【例 5-1】 定义一个函数,返回两个数的和。

```
#定义 sum 函数,有两个参数 a 和 b,返回的结果是这两个值的和
01  def fun_sum(a,b):
02      s =a +b
03      print(s)
```

【例 5-2】 定义一个函数,比较两个数的大小,并返回较大的数。

```
01  def max(a, b):
02      if a >b:
03          print(a)
04      else:
05          print(b)
```

【例 5-3】 身体质量指数(body mass index,BMI)是目前国际上常用的衡量人体胖瘦程度以及是否健康的一个标准,可以通过以千克为单位的体重除以以米为单位的身高的平方,得到 BMI 的值。根据 BMI 的值,可以将人的健康状况划分为 4 个等级:偏瘦、正常、偏胖、肥胖。而且,国际划分标准和国内划分标准略有不同。以国内标准为例,低于 18.5 为偏瘦,过轻;18.5～24 为正常;24～28 为偏胖;28～32 为肥胖;高于 32 为严重肥

胖,注意减肥。本例将"身体质量指数 BMI"源程序封装为一个函数并调用。

```
01  def fun_bmi (name,height,weight):
02      '''
03      该函数的功能是计算 BMI
04      :param name: 姓名
05      :param height: 身高
06      :param weight: 体重
07      :return: none
08      '''
09      bmi=weight/(height * height)           #BMI 公式
10      # print (name,'身高: ',height,"体重: ",weight,'对应 BMI 为: ',bmi,
        end=",")
11      #print (name,'身高: ',height,"体重: ",weight,',对应 BMI 为: %.2f' %bmi,
        end=",")
12      #BMI 用 2 位小数显示
13      if bmi <18.5:
14          print(name,"您好,您的体重太轻!")
15      elif 18.5 <=bmi <=24:
16          print(name,"您好,您的体重在正常范围!")
17      elif 24 <bmi <=28:
18          print(name,"您好,您属于偏胖体质!")
19      elif 28 <bmi <=32:
20          print(name,"您好,您属于肥胖体质!")
21      else:
22          print(name,"您好,您属于严重肥胖,得注意减肥。")
```

运行上面的代码,将不显示任何内容,也不会抛出异常,因为函数还没有被调用。

5.1.2 函数的调用

调用函数也就是执行函数。如果把创建的函数理解为创建一个具有某种用途的工具,调用函数就相当于使用该工具。调用函数的基本语法格式如下。

```
functionname([parametersvalue])
```

其中,functionname 是函数名称,要调用的函数名称必须是已经创建好的。parametersvalue 是可选参数,用于指定各个参数的值。如果需要传递多个参数值,参数间使用逗号","分隔;如果该函数没有参数,则直接写一对小括号即可。

例如,调用在 5.1.1 小节创建的 fun_sum 函数,可以使用下面的代码。

```
fun_sum (56,78)
```

调用函数后,显示结果为 134。

5.2 参数传递

在调用函数时,大多数情况下,主调函数和被调用函数之间有数据传递关系,这就是有参数的函数形式。函数参数的作用是传递数据给函数使用,函数利用接收的数据进行具体的操作处理。

函数参数在定义函数时放在函数名称后面的一对小括号中,如图 5.1 所示。调用函数时向其传递实参 parametersvalue,根据不同的参数类型,将实参的引用传递给形参。

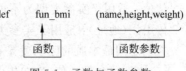

图 5.1　函数与函数参数

5.2.1　形式参数和实际参数

在调用函数时,经常会用到形式参数(形参)和实际参数(实参),两者都称为参数。形式参数和实际参数在作用上的区别如下。

(1)形式参数:在定义函数时,函数名后面小括号中的参数为形式参数。

(2)实际参数:在调用一个函数时,函数名后面括号中的参数为实际参数。

```
def fun(param):
    print(param)
```

定义或创建函数,此时的函数参数 param 为形式参数。

```
01  test ="欢迎大家学习 Python 课程!"
02  fun(test)
03  list1 =['Python','English']
04  fun(list1)
```

其中,fun(test)和 fun(list1)是调用函数,此时的函数参数 test 和 list1 是实际参数。

函数定义时参数列表中的参数是形参,而函数调用时传递进来的参数是实参,就像剧本选角一样,剧本的角色相当于形参,而演角色的演员就相当于实参。

【例 5-4】　调用身体质量指数函数,输出某人的 BMI 指数情况。

本案例调用例 5-3 中定义的 BMI 指数函数。调用函数的代码如下。

```
01  fun_bmi("张三",1.72,81)
02  fun_bmi("王五",1.8,68)
```

运行结果如图 5.2 所示。

```
test ×
E:\python\venv\Scripts\python.exe E:/python/test.py
张三  您好,您属于偏胖体质!
王五  您好,您的体重在正常范围!

Process finished with exit code 0
```

图 5.2　调用函数运行结果

从例 5-4 的代码和运行结果可以看出,调用函数时,小括号中的参数用来把数据传递到函数内部,并且按照函数定义的参数顺序,把希望在函数内部处理的数据通过参数进行传递。

Python 中,根据实际参数的类型不同,函数参数的传递方式可分为两种:传值和传引用(地址)。

传值：适用于实参类型为不可变对象时进行的参数传递(如字符串、数字、元组)。

传引用(地址)：适用于实参类型为可变对象时进行的参数传递(如列表、字典)。

它们之间最本质的区别就是在进行参数传递以后是否改变形式参数的值。在传值时,不改变形式参数的值,而在传引用时,形式参数的值是被改变的。

【例 5-5】 定义一个名为 demo 的函数,分别传入一个字符串类型的变量(传值)和列表类型的变量(传引用)。

```
01  def demo(obj)
02      obj +=obj
03      print("形参值为: ",obj)
04  print("-------传值-----")
05  a ="我爱学习 Python 课程!"
06  print("a 的值为: ",a)
07  demo(a)
08  print("实参值为: ",a)
09  print("-----传引用-----")
10  a =[1,2,3]
11  print("a 的值为: ",a)
12  demo(a)
13  print("实参值为: ",a)
```

程序运行的结果如图 5.3 所示。

```
test ×
E:\python\venv\Scripts\python.exe E:/python/test.py
-------传值-----
a的值为:   我爱学习Python课程!
形参值为:   我爱学习Python课程! 我爱学习Python课程!
实参值为:   我爱学习Python课程!
----- 传引用 -----
a的值为:   [1, 2, 3]
形参值为:   [1, 2, 3, 1, 2, 3]
实参值为:   [1, 2, 3, 1, 2, 3]

Process finished with exit code 0
```

图 5.3　传值和传引用的区别

不难看出,在传值时,改变形式参数的值,实际参数并不会发生改变;而在传引用时,改变形式参数的值,实际参数也会发生同样的改变。

5.2.2　位置参数

位置参数也称必备参数,是比较常用的形式,是指必须按照正确的顺序将实际参数传给函数。换句话说,调用函数时传入实际参数的数量和位置都必须和定义函数时保持一致。

1. 实参和形参数量必须一致

在调用函数时,指定的实参数量必须与形参数量一致,否则将抛出 TypeError 异常,提示缺少必要的位置参数。

例如,对前面定义的函数 fun_bmi(name,height,weight),该函数有 3 个参数,但如果在调用时只传递两个参数,例如:

```
fun_bmi ("张三",1.79)                    #计算张三的 BMI 指数
```

则运行结果如图 5.4 所示。

```
test2 ×
E:\python\venv\Scripts\python.exe E:/python/test2.py
Traceback (most recent call last):
  File "E:\python\test2.py", line 23, in <module>
    fun_bmi ("张三",1.79)
TypeError: fun_bmi() missing 1 required positional argument: 'weight'

Process finished with exit code 1
```

图 5.4　缺少位置参数抛出异常

从图 5.4 所示的异常信息中可以看出,抛出的异常类型为 TypeError,具体的意思是 fun_bmi() 函数缺少一个必要的位置参数 weight。

同样,多传参数也会抛出异常,例如:

```
fun_bmi ("张三",1.79,75,67)
```

其运行结果如图 5.5 所示。

```
test2 ×
E:\python\venv\Scripts\python.exe E:/python/test2.py
Traceback (most recent call last):
  File "E:\python\test2.py", line 23, in <module>
    fun_bmi ("张三",1.79,75,67)
TypeError: fun_bmi() takes 3 positional arguments but 4 were given

Process finished with exit code 1
```

图 5.5　多传参数时也会抛出异常

通过 TypeError 异常信息可以知道,fun_bmi() 函数本只需要 3 个参数,但是却传入了 4 个参数。

2. 实参和形参位置必须一致

在调用函数时,传入实参的位置必须和形参位置一一对应,否则会产生以下两种结果。

1) 抛出 TypeError 异常

当实参类型和形参类型不一致,并且在函数中这两种类型之间不能正常转换时,就会

抛出 TypeError 异常。

例如,调用 fun_bmi(name,height,weight)函数,将第 2 个参数和第 3 个参数的位置调换,代码如下。

```
fun_bmi ("张三",1.79,"75")              #计算张三的BMI指数
```

运行就会抛出异常信息,如图 5.6 所示。

```
C:\Users\gaoli\Desktop\PYTHON\venv\Scripts\python.exe C:/Users/gaoli/Desktop/PYTHON/study.py
Traceback (most recent call last):
  File "C:\Users\gaoli\Desktop\PYTHON\study.py", line 23, in <module>
    fun_bmi ("张三",1.79,"75")
  File "C:\Users\gaoli\Desktop\PYTHON\study.py", line 9, in fun_bmi
    bmi=weight/(height*height)    #BMI公式
TypeError: unsupported operand type(s) for /: 'str' and 'float'

Process finished with exit code 1
```

图 5.6   参数类型不一致抛出异常

以上显示的异常信息,其含义是字符串类型和浮点数值做除法运算。

2) 产生的结果和预期不符

在调用函数时,如果指定的实参与形参的位置不一致,但是它们的数据类型一致,那么就不会抛出异常,但是会产生结果与预期不符的情况。

例如,调用 fun_bmi(name,height,weight)函数,将第 2 个参数和第 3 个参数的位置调换,代码如下。

```
fun_bmi ("张三",75,1.79)              #计算张三的BMI指数
```

函数调用后,将显示如图 5.7 所示的结果。从结果中可以看出,虽然没有抛出异常,但是得到的结果与预期不一致。

```
test2 ×
E:\python\venv\Scripts\python.exe E:/python/test2.py
张三 您好,您的体重太轻!

Process finished with exit code 0
```

图 5.7   参数位置调换产生与预期不符的结果

提示:调用函数时,如果传递的实参位置与形参位置不一致并不会总是抛出异常,所以在调用函数时一定要确定好位置,否则容易产生错误,而且不容易被发现。

5.2.3   关键字参数

前面案例中所使用函数的参数都是位置参数,即传入函数的实际参数必须与形式参数的数量和位置对应。本小节将介绍的关键字参数,则可以避免牢记参数位置的麻烦,令函数的调用和参数传递更加灵活方便。

关键字参数是指使用形参的名称来确定输入的参数值。通过此方式指定函数实参

时,不再需要与形参的位置完全一致,只要将参数名写正确即可。明确指定哪个值传递给哪个参数,实参顺序可以和形参顺序不一致,可使函数的调用和参数传递更加灵活方便。

【例 5-6】 使用关键字参数的形式给函数传参。

```
01  def information(name,gender,age):
02      print('name:', name)
03      print('gender:', gender)
04      print('age:', age)
05  #位置参数
06  information("小明","男",23)
07  #关键字参数
08  information("小星","男",age=23)
09  information(gender="女",name="小华",age=21)
```

程序运行的结果如图 5.8 所示。

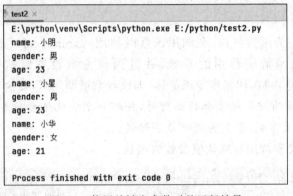

图 5.8 使用关键字参数时的运行结果

可以看到,在调用有参函数时,既可以根据位置参数来调用,也可以使用关键字参数(程序中第 9 行)来调用。在使用关键字参数调用时,可以任意调换参数传参的位置。

当然,还可以像第 8 行代码那样,使用位置参数和关键字参数混合传参的方式。但需要注意,混合传参时关键字参数必须位于所有的位置参数之后。也就是说,以下代码是错误的。

```
#位置参数必须放在关键字参数之前,下面代码错误
information(name="小星","男",23)
```

运行结果会报如图 5.9 所示的错误。

```
test2 ×
E:\python\venv\Scripts\python.exe E:/python/test2.py
  File "E:\python\test2.py", line 8
    information(name="小星","男",23)
                              ^
SyntaxError: positional argument follows keyword argument

Process finished with exit code 1
```

图 5.9 运行结果

总体来说,使用关键字参数时,有两大优点:①不再需要考虑参数的顺序,函数的使用将更加容易;②只要其他的参数都具有默认参数值,就可以只对那些希望赋值的参数进行赋值。

5.2.4 默认参数

在调用函数时如果不指定某个参数,Python 解释器会抛出异常。为了解决这个问题,Python 允许为参数设置默认值,即在定义函数时,直接给形式参数指定一个默认值。可以不用为设置了默认值的形参进行传值,此时函数将会直接使用函数定义时设置的默认值,当然也可以通过显式赋值来替换其默认值,在调用函数时是否为默认值参数传递实参是可选的。

定义带有默认值参数的函数的语法格式如下。

```
def functionname(..., [parameter1 =defaultvaluel]):
    [functionbody]
```

其中,functionname 为函数名称,在调用函数时使用;parameter1 = defaultvaluel 为可选参数,用于指定向函数中传递的参数,并且为该参数设置默认值为 defaultvaluel;functionbody 为可选参数,用于指定函数体,即该函数被调用后,要执行的功能代码。

提示:在定义带有默认值参数的函数时,任何一个默认值参数右边都不能再出现没有默认值的普通位置参数,否则会提示语法错误。

【例 5-7】 定义和调用有默认值参数的函数。

```
#name、gender、age 没有默认值,department 有默认值
01  def information(name,gender,age,department="信息技术系"):
02      print('name:', name)
03      print('gender:', gender)
04      print('age:', age)
05      print('department:', department)
06  information("小星","男",23)
07  information("小东","男",24,"商务流通系")
```

运行结果如图 5.10 所示。

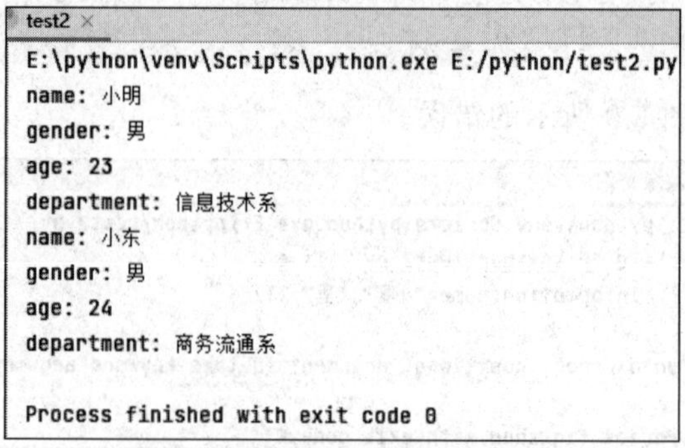

图 5.10 调用有默认值参数的运行结果

例 5-7 中，information()函数有 4 个参数，其中第 4 个参数设有默认值。这意味着，在调用 information()函数时，可以仅传入 3 个值，此时该值会传给 name、gender、age 这三个参数，而 department 会使用默认值，如程序中第 6 行代码所示。

当然在调用 information()函数时，也可以给所有的参数传值（如第 7 行代码所示），这时即便 department 有默认值，它也会使用传递给它的新值。

注意：当定义一个有默认值参数的函数时，有默认值的参数必须位于所有没有默认值参数的后面。因此，以下定义的函数是不正确的。

```
#语法错误
01   def information(department="信息技术系",name,gender,age):
02       pass
```

显然，department 设有默认值，而其余 3 个参数没有默认值，因此 department 必须位于其他参数之后。此时大家可能会有疑问，对于自己自定义的函数，可以轻易知道哪个参数有默认值，但如果使用 Python 提供的内置函数，又或者其他第三方提供的函数，怎么知道哪些参数有默认值呢？

Pyhton 中，可以使用"函数名.__defaults__"来查看函数的默认值参数的当前值，其返回值是一个元组。以本小节中的 information()函数为例，在其基础上，执行如下代码：

```
print(information.__defaults__)
```

程序的运行结果如图 5.11 所示。

```
test2 ×
E:\python\venv\Scripts\python.exe E:/python/test2.py
('信息技术系',)

Process finished with exit code 0
```

图 5.11　查看函数的默认值参数的当前值

5.2.5　可变参数

在实际使用函数时，可能会遇到"不知道函数需要接收多少个实参"的情况。Python 允许函数从调用语句中收集任意数量的实参，这在 Python 中称为可变参数。可变参数也称为不定长参数，即传入函数中的实际参数可以是 0 个、1 个、2 个到任意多个，在 Python 中，带 ∗ 的参数就是用来接收可变数量参数的。

定义可变参数时，主要有两种形式：一种是 ∗args，另一种是 ∗∗kw。使用 ∗args 和 ∗∗kw 是 Python 的习惯写法，当然也可以用其他参数名，但最好使用习惯用法。下面分别进行介绍。

1. 可变参数 ∗args

这种形式表示接收任意多个实际参数并将其放到一个元组中。例如，定义一个函数，让其可以接收多个实际参数。

【例 5-8】　设计一个输出爱好的函数，爱好可能有多种，该函数的实现方式如下。

```
01  def printinterest(*interest):           #定义"输出我的爱好"函数
02      print('\n我的爱好有:')
03      for item in interest:
04          print(item)                      #输出爱好名称
```

可以看到，printinterest()函数中，只包含一个形参 * interest，它表示创建一个名为 interest 的空元组，并将收到的所有值都封装到这个元组中，通过 for 循环语句遍历元组 interest，输出元组中的每个值。下面调用两次函数，分别指定不同个数的实际参数，代码如下。

```
01  printinterest('看书')
02  printinterest('看书','爬山','跳舞')
```

程序的输出结果如图 5.12 所示。

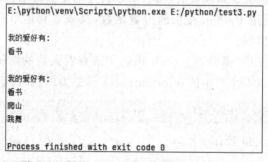

图 5.12　调用 printinterest()函数的输出结果

如果要使用一个已经存在的列表作为函数的可变参数，可以在列表的名称前加" * "。* list 表示把这个 list 中的所有元素作为可变参数传进去。这种写法相当有用，而且很常见，Python 解释器将自动进行解包，然后把序列中的值分别传递给多个形参变量，这个过程也称作序列解包，序列可以是列表、元组、字典以及集合。

例如：

```
01  def printinterest(*interest):                #定义"输出我的爱好"函数
02      print('\n我的爱好有:')
03      for item in interest:
04          print(item)
05  list1 =['看书','爬山','跳舞']                  #定义一个列表
06  printinterest(* list1)                        #对列表进行解包
07  tuple1 =('看书','爬山','跳舞')                 #定义一个元组
08  printinterest(* tuple1)                       #对元组解包
09  dict1 ={1:'看书',2:'爬山',3:'跳舞'}           #定义一个字典
10  printinterest(* dict1)                        #对字典的键解包
11  printinterest(* dict1.values())              #对字典的值解包
12  set1={'看书','爬山','跳舞'}                    #定义一个集合
13  printinterest(* set1)                        #对集合进行解包
```

在以上代码中调用 printinterest() 函数后,运行结果如图 5.13 所示。

提示:如果函数参数中既要接收已知数量的实参,又要接收任意数量的实参,则必须遵循一个原则,即将接纳任意数量实参的形参放在最后。

在上述情况下,Python 会先匹配位置实参,再将余下的实参收集到最后一个形参中。仍以输出爱好为例,现在需要明确指明姓名,那么修改后的函数及调用函数结果如图 5.14 所示。

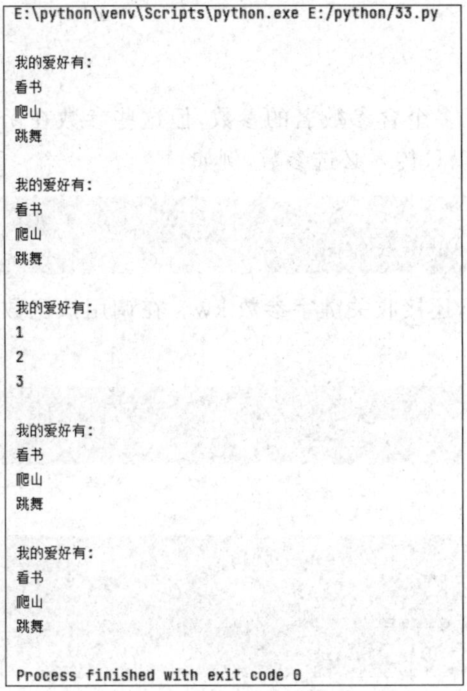

图 5.13　传递参数时的序列解包 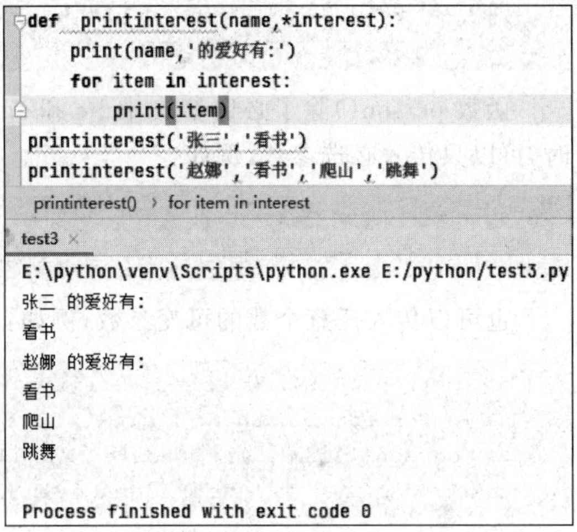　　　　图 5.14　函数参数混合输出结果

【例 5-9】　以数学题为例,给定一组数字 $a, b, \cdots, z$,计算 $a^2 + b^2 + \cdots + z^2$ 的值。根据上面所学的知识,把函数的参数改为可变参数,代码如下。

```
01  def cout(*numbers):
02      sum = 0
03      for n in numbers:
04          sum = sum + n * n
05      print(sum)
```

在函数内部,参数 numbers 接收到的是一个元组,调用该函数时,可以传入任意多个参数,包括 0 个参数。调用函数执行以下代码,运行结果如图 5.15 所示。

```
01  cout(1, 2)
02  cout(1, 2, 3, 4, 5)
03  cout()
```

```
test4 ×
E:\python\venv\Scripts\python.exe E:/python/test4.py
5
55
0

Process finished with exit code 0
```

图 5.15　运行结果

2. 可变参数 ** kw

这种形式的可变参数也允许传入 0 个或任意多个含参数名的参数，但这些参数在函数内部自动组装为一个字典。在调用函数时，可以只传入必选参数，例如：

```
01  def person(name, age, ** kw):
02      print('name:', name, 'age:', age, 'other:', kw)
```

函数 person()除了必选参数 name 和 age 外，还接收关键字参数 kw。在调用该函数时，可以只传入必选参数，例如：

```
>>>person('Mike', 30)
name: Mike age: 30 other: { }
```

也可以传入任意个数的可变参数，例如：

```
>>>person('Bob', 35, city='Beijing')
name: Bob age: 35 other: {'city': 'Beijing'}
>>>person('Adam', 45, gender='M', job='Engineer')
name: Adam age: 45 other: {'gender': 'M', 'job': 'Engineer'}
```

上述函数的定义和调用的代码及运行结果如图 5.16 所示。

```
def person(name, age, **kw):
    print('name:', name, 'age:', age, 'other:', kw)
person('Mike', 30)
person('Bob', 35, city='Beijing')
person('Adam', 45, gender='M', job='Engineer')
```

```
texst ×
E:\python\venv\Scripts\python.exe E:/python/texst.py
name: Mike age: 30 other: {}
name: Bob age: 35 other: {'city': 'Beijing'}
name: Adam age: 45 other: {'gender': 'M', 'job': 'Engineer'}

Process finished with exit code 0
```

图 5.16　可变参数的应用 1

该形式的可变参数具有扩展函数的功能。比如，在 person()函数中，保证能接收到 name 和 age 这两个参数，但是，如果调用者愿意提供更多的参数，也能收到。试想你正在做一个用户注册的功能,除了用户名和年龄是必填项外,其他都是可选项,利用该形式的可变参数来定义这个函数就能满足注册的需求。和可变参数 *arg 类似,也可以先组装出一个字典,然后,把该字典转换为关键字参数传进去。

```
01  extra ={'city': 'ShangHai', 'job': 'Teacher'}
02  person('Lily', 24, * *extra)
```

调用上述函数后程序运行结果如图 5.17 所示。

```
def person(name, age, **kw):
    print('name:', name, 'age:', age, 'other:', kw)
extra = {'city': 'ShangHai', 'job': 'Teacher'}
person('Lily', 24, **extra)
  person()

texst ×
E:\python\venv\Scripts\python.exe E:/python/texst.py
name: Lily age: 24 other: {'city': 'ShangHai', 'job': 'Teacher'}

Process finished with exit code 0
```

图 5.17 可变参数的应用 2

**extra 表示把字典 extra 的所有键值对用关键字参数传入函数的 **kw 参数,kw 将获得一个字典,注意 kw 获得的字典是 extra 的一份副本,对 kw 的改动不会影响到函数外的 extra 变量值。

提示:如果有多种类型的参数,则定义顺序为位置参数、默认值参数、打包成元组的可变长参数、打包成字典的可变长参数。例如:

```
def test(a,b=6, *args, * *kwargs):
print(a)
print(b)
print(args)
print(kwargs)
test(1,2,3,4,5,x=10,y=20)
```

程序的运行结果如下。

```
1
2
(3, 4, 5)
{'x': 10, 'y': 20}
```

5.3 函数的返回值

到目前为止,用户创建的函数都只是对传入的数据进行了处理,处理完了就结束。但实际上,在某些场景中,还需函数将处理的结果反馈回来,就好像领导向下级员工下达命令,让其去打印文件,员工打印好文件后并没有完成任务,还需要将文件交给领导。为函数设置返回值的作用就是将函数的处理结果返回给调用它的程序,返回值能够将程序的大部分繁重工作移到函数中去完成,从而简化程序。

在 Python 中,用 def 语句创建函数时,可以用 return 语句指定函数的返回值,该返回值可以是任意类型。需要注意的是,return 语句在同一函数中可以出现多次,但只要有一个得到执行,就会直接结束函数的执行,return 之后的其他语句都不会被执行了。如果没有一条 return 语句被执行,同样会隐式将 None 作为返回值。

函数中,使用 return 语句的语法格式如下。

```
return[返回值]
```

[返回值]用于指定要返回的值,可以返回一个值,也可以返回多个值。当函数中没有 return 语句时,或者省略了 return 语句的参数时,将返回 None,即返回空值。

【例 5-10】 使用 return 语句返回值。

```
01  def add(a,b):
02      c = a + b
03      return c
04  #函数赋值给变量
05  f = add(3,4)
06  print(f)
07  #函数返回值作为其他函数的实际参数
08  print(add(3,4))
```

在例 5-10 中,add()函数既可以用来计算两个数的和,也可以连接两个字符串,它会返回计算的结果。通过 return 语句指定返回值后,在调用函数时,既可以将该函数赋值给一个变量,用变量保存函数的返回值,也可以将函数作为某个函数的实际参数。无论定义的是什么返回类型,return 只能返回单值,但值可以存在多个元素,return [1,3,5] 是指返回一个列表,是一个列表对象,1,3,5 分别是这个列表的元素。return 1,3,5 看似返回多个值,但隐式地被 Python 封装成了一个列表返回。

5.4 变量的作用域

作用域简单说就是一个变量的命名空间。代码中变量被赋值的位置决定了哪些范围的对象可以访问这个变量,这个范围就是命名空间。Python 赋值时生成了变量名,当然作用域也包括在内。

变量的作用域是指程序代码能够访问该变量的区域,如果超出该区域,再访问时就会出现错误。在程序中,一般会根据变量的"有效范围",将变量分为"局部变量"和"全局变量"。

1. 局部变量

局部变量是指在函数内部定义并使用的变量,它只在函数内部有效,即函数内部的名字只在函数运行时才会创建,在函数运行之前或者运行结束之后,所有的名字就都不存在了。所以,如果在函数外部使用函数内部定义的变量,就会抛出 NameError 异常。

【例 5-11】 定义一个名为 demo 的函数,在该函数内部定义一个变量 news(局部变量），并为其赋值，然后输出该变量，最后在函数体外部再次输出 news 变量，代码如下。

```
01  def demo ( ):
02      news ='非学无以广才,非志无以成学。'
03      print('局部变量 news =',news)              #输出局部变量的值
04  demo ( )                                      #调用 demo ( )函数
```

此时运行程序，能正确运行，如果利用下面的代码在函数体外输出局部变量 news 的值，则会出现异常，如图 5.18 所示。

```
print('局部变量 news ='news)              #在函数体外输出局部变量的值
```

```
E:\python\venv\Scripts\python.exe E:/python/test6.py
Traceback (most recent call last):
  File "E:\python\test6.py", line 5, in <module>
    print('局部变量news =',news)
NameError: name 'news' is not defined
```

图 5.18 在函数体外输出局部变量出现异常

2. 全局变量

与局部变量对应，全局变量是能够作用于函数内外的变量。全局变量主要有以下两种情况。

（1）如果一个变量在函数外定义，那么不仅可以在函数外可以访问，在函数内也可以访问。在函数体外定义的变量是全局变量。

【例 5-12】 定义一个全局变量 news，然后定义一个函数，在该函数内输出全局变量 news 的值，代码如下。

```
01  news='非学无以广才,非志无以成学。'
02  print('函数体外:全局变量 news =',news)        #在函数体外输出全局变量的值
03  def demo ( ):
04      news ='人的活动如果没有理想的鼓舞,就会变得空虚而渺小。'
05      print('函数体内:局部变量 news =',news)     #在函数体内打印输出局部变量的值
06  demo ( )                                      #调用 demo ( )函数
07  print(' 函数体外:全局变量 news =',news)        #调用函数后在函数体外输出全局变量的值
```

程序的运行结果如图 5.19 所示。

```
E:\python\venv\Scripts\python.exe E:/python/test7.py
函数体外:全局变量news =    非学无以广才,非志无以成学。
函数体内:局部变量news =    人的活动如果没有理想的鼓舞,就会变得空虚而渺小
函数体外:全局变量news =    非学无以广才,非志无以成学。

Process finished with exit code 0
```

图 5.19 程序的运行结果

从运行结果中可以看出，在函数内部定义的变量即使与全局变量重名，也不影响全局变量的值。

（2）如果要在函数体内部改变全局变量的值，需要在定义局部变量时，使用 global 关键字修饰。例如，将例 5-12 的代码修改为以下内容。

```
01  news='非学无以广才,非志无以成学。'
02  print(' 函数体外:全局变量 news =',news)          #在函数体外输出全局变量的值
03  def demo ():
04      global news
05      news ='人的活动如果没有理想的鼓舞,就会变得空虚而渺小。'
06      print(' 函数体内:局部变量 news =',news)   #在函数体内打印输出局部变量的值
07  demo()                                          #调用 demo() 函数
08  print(' 函数体外:全局变量 news =',news)         #调用函数后在函数体外输出全局变量的值
```

则程序的运行结果如图 5.20 所示。

```
E:\python\venv\Scripts\python.exe E:/python/test7.py
函数体外:全局变量news =   非学无以广才,非志无以成学。
函数体内:局部变量news =   人的活动如果没有理想的鼓舞,就会变得空虚而渺小
函数体外:全局变量news =   人的活动如果没有理想的鼓舞,就会变得空虚而渺小

Process finished with exit code 0
```

图 5.20　添加 global 关键字后程序的运行结果

从上面的结果中可以看出，在函数体内部修改了全局变量的值。如果想在函数中调用全局变量，则需要用 global 声明。之后调用全局变量，全局变量的值也随之可能发生改变，global 的作用就相当于传递参数，在函数外部声明的变量，如果想要在函数内使用，就用 global 来声明该变量，这样就相当于把该变量传递进来了，就可以引用该变量了。但是需要注意的是，尽管 Python 允许全局变量和局部变量重名，但是在实际开发时，不建议这么做，因为这样容易让代码混乱，很难分清哪些是全局变量，哪些是局部变量。

5.5　匿名函数 lambda()

lambda() 函数是一个类似于 def 的函数，但它是一个不需要定义函数名的匿名函数。当需要做一些简单的数学计算时，如果用 def 定义一个函数显得过于烦琐，但不定义一个类似函数的对象又显得不太方便，这时 lambda() 函数就派上用场了。首先来看看 lambda() 函数是如何使用的。

lambda() 函数的语法格式如下。

```
result =lambda [arg1[, arg2, ... argn]]: expression
```

要定义 lambda() 函数，必须使用 lambda 关键字。result 用于调用 lambda() 函数。[arg1 [,arg2,...,argn]] 是可选参数，用于指定要传递的参数列表，多个参数间使用逗号","分隔。expression 是必选参数，用于指定一个实现具体功能的表达式。如果有参数，那么在该表达式中将应用这些参数。

注意：使用 lambda() 函数的，参数可以有多个，用逗号","分隔，但是 expression 只能有一个，即只能返回一个值，而且也不能出现其他非表达式语句(如 for 或 while)。

【例 5-13】 定义一个计算两个数之和的函数,普通函数的形式如下。

```
01  def add(x, y):
02      return x+y
03  print(add(3,4))
```

上面的程序中,add()函数内部仅有 1 行表达式,因此该函数可以直接用 lambda 表达式表示。

```
01  add =lambda x,y:x+y
02  print(add(3,4))
```

从上面的示例中可以看出,虽然使用 lambda 表达式比使用自定义函数的代码减少了一些。但是在使用 lambda 表达式时,需要定义一个变量,用于调用该 lambda 表达式。

总的来说,可以这样理解 lambda 表达式:它就是简单函数(函数体仅是单行的表达式)的简写版本。相比函数,lambda 表达式具有以下两个优势。

(1) 对于单行函数,使用 lambda 表达式可以省去定义函数的过程,让代码更加简洁。

(2) 对于不需要多次复用的函数,使用 lambda 表达式可以在用完之后立即释放,从而提高了程序执行的性能。

5.6　Python 常用内置函数

Python 作为一门高级编程语言,提供了许多方便易用的内置函数,节省了不少开发应用的时间。下面主要介绍一些新手必备函数及其用法。

5.6.1　filter()函数

filter()函数用于过滤序列,过滤掉其中不符合条件的元素,返回由符合条件元素组成的新列表。该函数接收两个参数,第一个为函数,第二个为序列,序列的每个元素作为参数传递给函数进行判断,然后返回 True 或 False,最后将返回 True 的元素放到新列表中。

filter()函数的语法格式如下。

```
newIter =filter(function, iterable)
```

其中,各个参数的含义如下。

(1) function 可传递一个用于判断的函数,也可以将该参数设置为 None。

(2) iterable 为可遍历对象,包括列表、元组、字典、集合、字符串等,序列中的元素将作为参数传递给函数以进行判断(返回 True 或 False),最后将返回 True 的元素存入待返回列表中。

(3) newIter 在 Python 2.x 中,为过滤后得到的新列表;在 Python 3.x 中为一个可遍历对象。可以用 list()、tuple()等方法获取过滤后得到的新序列。

正因为该函数是根据自定义的过滤函数进行过滤操作,所以支持更加灵活的过滤规格。

【例5-14】　过滤出列表中的所有奇数,利用filter()函数实现,代码如下。

```
01  def is_odd(n):
02    return n%2==1
03  newlist =filter(is_odd, [1, 2, 3, 4, 5, 6, 7, 8, 9, 10])
04  print(newlist)
```

程序运行的结果如图5.21所示。

```
E:\python\venv\Scripts\python.exe E:/python/filtertest.py
<filter object at 0x0000023099CF5A30>

Process finished with exit code 0
```

图5.21　返回一个可遍历对象

在例5-14中,首先定义了一个is_odd()函数,如果n是偶数则返回其值,然后通过filter()函数使用is_odd()函数来过滤列表,但是输出结果却是＜filter object at 0x000001FE79FE5A30＞,在这里需要注意filter()函数的返回值为一个可遍历对象,需要通过遍历的方式访问其中的值,或者使用list()函数对其进行强制类型转换。

因此再通过list(newlist)函数获取到过滤后的奇数序列,结果如下。

```
[1, 3, 5, 7, 9]
```

filter()和lambda()也可以结合一起使用。例如,filter(lambda x: x % 3 == 0, [1,2,3])用于将列表[1,2,3]中能够被3整除的元素过滤出来,其结果是[3]。上述过滤奇数的代码也可以写成如下形式。

```
01  newlist =list(filter(lambda n:n%2==1,[1,2,3,4,5,6,7,8,9,10]))
02  print(mylist)
```

其运行结果相同。

【例5-15】　将filter()和lambda()结合使用过滤出列表中以nan结尾的元素。

```
01  person =["liubeinan", "guangyunan", "sunerniangnv", "sunquannan",
    "zhugeliangnan"]
02  print("用内置函数filter实现过滤找出以nan结尾的元素功能")
03  print(list(filter(lambda n: n.endswith("nan"), person)))
```

程序运行结果如图5.22所示。

```
E:\python\venv\Scripts\python.exe E:/python/filtertest.py
用内置函数filter实现过滤找出以nan结尾的元素功能
['liubeinan', 'guangyunan', 'sunquannan', 'zhugeliangnan']

Process finished with exit code 0
```

图5.22　将filter()和lambda()结合使用过滤列表元素

由于在Python 3.x中filter()函数最终输出的是可遍历对象,因此还需要借助list()函数将其转化为列表。

5.6.2 map()函数

map()函数会根据用户提供的函数对指定序列做映射。map()函数的语法格式如下。

```
newIter=map(function,iterable,...)
```

其中,各个参数的含义如下。

(1) function 为用户提供的函数,它处理每一个元素,并返回新列表。

(2) iterable 为可遍历对象,将被传入的函数作用到该可迭代对象的每一个元素上,并且返回包含了所有这些函数调用结果的一个迭代器。

(3) newIter 在 Python 2.x 中为映射后的新列表;在 Python 3.x 中,为一个可遍历对象,需要调用 list()函数来显示所有结果。

【例 5-16】 一个列表中存放了以下字母,如果存在小写字母,则将它变成大写字母。利用 map()函数实现代码如下。

```
01  def test(x):
02      if x.islower():
03          return x.upper()
04      else:
05          return x
06  my_list =['d','o','t','C','p','P']
07  print(list(map(test,my_list)))
```

程序运行结果如图 5.23 所示。

```
E:\python\venv\Scripts\python.exe E:/python/filtertest.py
['D', 'O', 'T', 'C', 'P', 'P']

Process finished with exit code 0
```

图 5.23 map()函数的应用

test()函数先对 x 进行判断,如果是小写字母就返回它对应的大写字母;如果不是小写字母就返回它的值。

【例 5-17】 计算列表中所有元素的平方。

```
01  def square(x):
02      return x* * 2
03  ret01 =map(square,[1,2,3])
04  print(list((ret01)))
```

程序运行结果如下。

```
[1, 4, 9]
```

同样,将 map()函数和 lambda()函数相结合也可以实现以上功能,代码如下。

```
01  ret02 =map(lambda x:x* * 2,[1,2,3])
02  print(list(ret02))
```

以上程序的运行结果如下。

```
[1, 4, 9]
```

5.6.3   enumerate()函数

对于一个可遍历对象(如列表、字符串),enumerate()函数将其组成一个索引序列,利用它可以同时获得索引和值,enumerate 多用于在 for 循环中计数,enumerate()返回的是一个枚举对象。函数的语法格式如下。

```
enumerate(iterable, start=0)
```

其中,各个参数的含义如下。

(1) iterable 为一个可遍历对象(如列表、字符串、元组、字典和集合),enumerate 函数将其组成一个索引序列,利用它可以同时获得索引和值。

(2) start 为要打印的标号的初始值,默认从 0 开始打印。

【例 5-18】   利用 for 循环为列表添加索引。

```
01  a=['a','b','c','d']
02  for i,j in enumerate(a):          #其中 i 为索引位置,j 为索引对应的数据
03      print(i,j)
```

程序运行结果如图 5.24 所示。

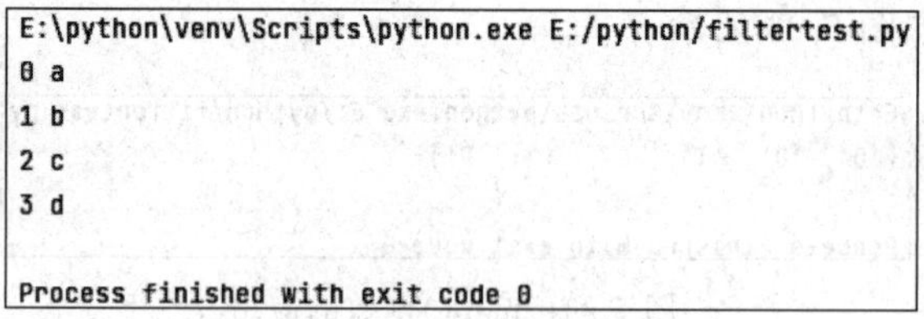

```
E:\python\venv\Scripts\python.exe E:/python/filtertest.py
0 a
1 b
2 c
3 d

Process finished with exit code 0
```

图 5.24   enumerate()函数的应用

enumerate()函数将列表中的数据和数据的位置一并打印出来。其打印出来的是(0, list[0]),(1,list[1]),…。下面来验证一下。

输入代码 print(list(enumerate(a))),函数返回一个枚举类型的数据,通过 list()函数转换成列表输出。

结果如下。

```
[(0, 'a'), (1, 'b'), (2, 'c'), (3, 'd')]
```

enumerate()函数还可以接收第二个参数,用于指定索引起始值,例如:

```
01  a=['a','b','c','d']
02  for i,j in enumerate(a,1):
03      print(i,j)
```

运行上面的代码,结果如图 5.25 所示。

```
E:\python\venv\Scripts\python.exe E:/python/filtertest.py
1 a
2 b
3 c
4 d

Process finished with exit code 0
```

图 5.25　指定索引起始值

5.7　项目训练

1. 模拟发红包

定义一个模拟发红包的函数,假设为抢红包的人随机分配金额,在红包总金额和红包个数确定的情况下,计算出每个红包的金额。设定参数单位为分,每个人最少分配到1分钱。

参考代码如下。

```
01  from random import randint
02  def redbag(total,n=10):          #n 表示红包的个数,total 表示红包的总金额
03      """发红包"""
04      moneys=[]
05      remained=total               #剩下的金额
06      for i in range(1,n):
07          allocate=randint(1,remained-(n-i))
08          moneys.append(allocate)
09          remained-=allocate
10      moneys.append(remained)
11      return moneys
12  ms=redbag(30,10)
13  print(ms)
```

程序运行的结果如图 5.26 所示。

```
E:\python\venv\Scripts\python.exe E:/python/shixun5.1.py
[8, 3, 5, 3, 1, 1, 6, 1, 1, 1]

Process finished with exit code 0
```

图 5.26　模拟发红包

由于红包的金额随机,因此上述程序的结果是不固定的。

2. 模拟猜数游戏

定义一个模拟猜数游戏的函数。通过参数指定一个整数范围和猜测的最大次数,系统在指定范围内随机产生一个整数,然后让玩家猜测该数的值,系统会根据玩家的猜测进行提示(如猜大了、猜小了、猜对了),玩家则可以根据系统的提示对下一次的猜测进行适当调整,直到猜对或次数用完。

参考代码如下。

```
01   from random import randint                              #导入随机数模块
02   def GuessNumber(maxValue, maxTimes=5):
03       value =randint(1,maxValue)                          #随机生成一个整数
04       for i in range(maxTimes):
05           if i==0:
06               prompt ='请开始猜数: '
07           else:
08               prompt ='请重新猜: '
09           #使用异常处理结构,防止输入不是数字的情况
10           try:
11               x =int(input(prompt))
12               if(x<1 or x>100):
13                   print('必须是一个整数在 1~{0}之间'.format(maxValue))
14                   continue
15           except:
16               print('必须是一个整数在 1~{0}之间'.format(maxValue))
17           else:
18               if x ==value:
19                   print('恭喜你,猜对了!')
20                   break
21               elif x>value:
22                   print('遗憾太大了')
23               else:
24                   print('遗憾太小了')
25       else:
26           #次数用完还没猜对,游戏结束,提示正确答案
27           print('游戏结束,猜数失败。')
28           print('正确的数值是: ',value)
29   GuessNumber(100)                                        #调用猜数函数
```

程序运行的结果如图 5.27 所示。

```
E:\python\venv\Scripts\python.exe E:/python/shixun5.2.py
请开始猜数: 45
遗憾太大了
请重新猜:34
遗憾太大了
请重新猜:23
遗憾太小了
请重新猜:28
遗憾太小了
请重新猜:30
遗憾太大了
游戏结束,猜数失败。
正确的数值是: 29

Process finished with exit code 0
```

图 5.27　模拟猜数游戏

5.8　本章小结

本章主要介绍了函数的相关知识,包括函数的定义和调用,函数参数的传递,函数的返回值,变量作用域以及一些常见的 Python 内置函数的应用,并结合操作案例讲解函数的用法。函数能提高应用的模块性和代码的重复利用率。通过本章的学习内容,读者能深刻体会到函数的便捷之处,并能在实际开发中熟练地应用函数。

习题 5

1. 单项选择题

(1) 以下关于函数的说法中正确的是(　　　)。

　　A. 函数定义时必须有形参

　　B. 函数中定义的变量只在该函数体中起作用

　　C. 函数定义时必须带 return 语句

　　D. 实参与形参的个数可以不相同,类型可以任意

【答案】 B

【难度】 中等

【解析】 定义在函数内部的变量拥有一个局部作用域,定义在函数外的变量拥有全局作用域。局部变量只能在其被声明的函数内部访问,而全局变量可以在整个程序范围内访问。调用函数时,所有在函数内声明的变量名称都将被加入作用域中。

(2) 下列选项中不属于函数优点的是(　　　)。

　　A. 便于发挥程序员的创造力　　　　　　B. 减少代码重复

　　C. 使程序模块化　　　　　　　　　　　D. 使程序便于阅读

【答案】 A

【难度】 中等

【解析】 函数是组织好的、可重复使用的代码段,用来实现单一或相关联功能的代码段,同时也是逻辑结构化和过程化的一种编程方法。函数能提高应用的模块性和代码的重复利用率。

(3) Python 中定义函数的关键字是(　　　)。

　　A. define　　　　　　B. return　　　　　　C. def　　　　　　D. function

【答案】 C

【难度】 容易

【解析】 函数代码块以 def 关键词开头,后接函数标识符名称和圆括号()。

(4) (　　　)是匿名函数,是从数学中的 λ 得名。

　　A. lambda()　　　　B. map()　　　　　　C. filter()　　　　　D. zip()

【答案】 A

【难度】 容易

【解析】　在 Python 中,不通过 def 来声明函数名字,而是通过 lambda 关键字来定义的函数称为匿名函数。lambda()函数能接收任何数量(可以是 0)的参数,但只能返回一个表达式的值。lambda()函数是一个函数对象,直接赋值给一个变量,这个变量就成了一个函数对象。

(5)(　　)函数以一个列表作为参数,将列表中对应的元素打包成元组,然后返回由这些元组组成的列表。

　　A. lambda()　　　　　B. map()　　　　　C. filter()　　　　　D. zip()

【答案】　D

【难度】　较难

【解析】　zip()函数将可遍历对象作为参数,并将对象中对应的元素打包成元组,然后返回由这些元组组成的列表。如果各个可遍历对象的元素个数不一致,则返回列表长度与最短的对象相同,利用 ＊ 号操作符,可以将元组解包为列表。

(6)使用(　　)函数接收输入的数据。

　　A. accept()　　　　　B. input()　　　　　C. readline()　　　　　D. login()

【答案】　B

【难度】　中等

【解析】　input()函数接收一个标准输入数据,返回值为 string 类型。

(7)(　　)函数是指直接或间接调用函数本身的函数。

　　A. 匿名　　　　　B. 闭包　　　　　C. lambda()　　　　　D. 递归

【答案】　D

【难度】　较难

【解析】　在函数内部,可以调用其他函数。如果一个函数在内部调用自身,这个函数就是递归函数。

(8)使用形式参数的名字来确定输入的参数值,是指(　　)。

　　A. 位置参数　　　　　B. 默认参数　　　　　C. 形式参数　　　　　D. 关键字参数

【答案】　D

【难度】　较难

【解析】　关键字参数是指使用形式参数的名字来确定输入的参数值。通过此方式指定函数实参时,不再需要与形参的位置完全一致,只要将参数名写正确即可。

(9)在 Python 中,调用自定义函数时,指定的实际参数的数量必须与形式参数的数量一致,这种参数称为(　　)。

　　A. 关键字参数　　　　　B. 带默认值参数　　　　　C. 可变参数　　　　　D. 位置参数

【答案】　D

【难度】　较难

【解析】　位置参数也称必备参数,是指必须按照正确的顺序将实际参数传到函数中。也就是说,调用函数时传入实际参数的数量和位置都必须和定义函数时保持一致。

(10)在函数内部可以通过(　　)关键字定义全局变量。

A. global   B. all   C. def   D. Lambda

【答案】 A

【难度】 容易

【解析】 在函数内部可以通过 global 关键字来定义全局变量。全局变量既可以在某函数内部创建,也可以在本程序的任意位置创建。全局变量是可以被本程序内的所有对象或函数引用。

(11)(   )语句只要执行,就会直接结束函数的执行。

A. break   B. pass   C. print   D. return

【答案】 D

【难度】 较难

【解析】 用 def 语句创建函数时,可以用 return 语句指定要返回的值。该返回值可以是任意类型。注意 return 语句在同一函数中可以出现多次,但只有一个能够得到执行。

(12)下列关于 lambda()函数的说法中错误的是(   )。

A. lambda()函数可以创建匿名函数

B. lambda()函数的参数只能有一个

C. lambda()函数只可以包含一个表达式

D. lambda()函数中不能包含循环语句

【答案】 B

【难度】 较难

【解析】 如果一个函数有一个返回值,并且只有一句代码,可以使用 lambda 函数简化。lambda()函数的参数可有可无,函数的参数在 lambda()函数中完全适用。lambda()函数能接收任何数量的参数,但只能返回一个表达式的值。

(13)以下代码的运行结果为(   )。

```
num one=12
def sum(num_two):
global num one
num one=90
return num_one +num_two
print(sum(10))
```

A. 102   B. 100   C. 22   D. 12

【答案】 B

【难度】 较难

【解析】 略。

(14)以下代码的运行结果为(   )。

```
def many_param(num_one,num_two, * args):
print(args)
many_param(11,22,33,44,55)
```

A.(11,22,33)   B.(22,33,44)   C.(33,44,55)   D.(11,22)

【答案】 C

【难度】 较难

【解析】 *参数收集所有未匹配的位置参数组成一个元组对象,局部变量 args 指向此元组对象。

(15) 以下代码的运行结果为(   )。

```
f=lambda  x,y:x*y
Print(f(12,34))
```

A. 12   B. 22   C. 56   D. 408

【答案】 D

【难度】 中等

【解析】 lambda()函数计算两个数的乘积。

(16) 以下代码的运行结果为(   )。

```
f1=lambda  x:x*3;
f2=lambda  x:x*2;
print(f1(f2(3)))
```

A. 3   B. 6   C. 9   D. 18

【答案】 D

【难度】 较难

【解析】 略。

(17) 以下代码的运行结果为(   )。

```
x=30
def  func():
global  x
x=20
func()
print(x)
```

A. 30   B. 20   C. 9   D. 50

【答案】 B

【难度】 较难

【解析】 为了解决函数内使用全局变量的问题,Python 增加了 global 关键字,利用它的特性,可以指定变量的作用域。

2. 判断题

(1) 函数是代码复用的一种方式。(   )

A. 正确   B. 错误

【答案】 A

【难度】 容易

【解析】 略。

（2）定义函数时，即使该函数不需要接收任何参数，也必须保留一对空的圆括号来表示这是一个函数。（　　）

　　A. 正确　　　　　　　B. 错误

【答案】 A

【难度】 容易

【解析】 函数参数在定义时只是一种占位符，函数定义后如果不经过调用不会执行，函数定义遵守 IPO 模型原则：参数是输入，函数体是处理，return 是返回输出。函数可以有参数也可以没有参数，但是必须保留括号。

（3）编写函数时，一般建议先对参数进行合法性检查，然后再编写正常的功能代码。（　　）

　　A. 正确　　　　　　　B. 错误

【答案】 A

【难度】 中等

【解析】 略。

（4）一个函数如果带有默认值参数，那么所有参数都必须设置默认值。（　　）

　　A. 正确　　　　　　　B. 错误

【答案】 B

【难度】 中等

【解析】 在调用函数时如果不指定某个参数，Python 解释器会抛出异常。为了解决这个问题，Python 允许为参数设置默认值，即在定义函数时，直接给形式参数指定一个默认值。这样的话，即便调用函数时没有给拥有默认值的形参传递参数，该参数可以直接使用定义函数时设置的默认值。

（5）定义 Python 函数时必须指定函数返回值类型。（　　）

　　A. 正确　　　　　　　B. 错误

【答案】 B

【难度】 中等

【解析】 函数可以有返回值，但如果有返回值，就必须用变量接收。函数也可以没有返回值，没有返回值分三种情况：当没有 return 时，函数的返回值为 None；当只有 return 时，函数的返回值为 None；写为 return None 时，函数的返回值为 None（几乎不用）。

（6）定义 Python 函数时，如果函数中没有 return 语句，则默认返回空值 None。（　　）

　　A. 正确　　　　　　　B. 错误

【答案】 A

【难度】 中等

【解析】 略。

（7）函数中必须包含 return 语句。（　　）

　　A. 正确　　　　　　　B. 错误

【答案】 B

【难度】 中等

【解析】 略。

（8）在函数内部无法定义全局变量。（　　）

　　A. 正确　　　　　　B. 错误

【答案】 B

【难度】 中等

【解析】 Python中有局部变量和全局变量，当局部变量名字和全局变量名字重名时，局部变量会覆盖全局变量。如果要给全局变量在一个函数中赋值，必须使用 global 语句。

（9）在调用函数时，可以通过关键字参数的形式进行传值，从而避免必须记住函数形参顺序的麻烦。（　　）

　　A. 正确　　　　　　B. 错误

【答案】 A

【难度】 中等

【解析】 关键字参数不用考虑顺序，对于包含大量参数的函数很有帮助，不用去记住这些函数的参数的顺序和含义。

（10）调用函数时传递的实参个数必须与函数形参个数相等。（　　）

　　A. 正确　　　　　　B. 错误

【答案】 B

【难度】 中等

【解析】 位置传参时，实际参数和形式参数通过位置进行传递的匹配，实参个数必须与形参个数相同。

（11）在编写函数时，建议首先对形参进行类型检查和数值范围检查之后再编写功能代码，或者使用异常处理结构，尽量避免代码抛出异常而导致程序崩溃。（　　）

　　A. 正确　　　　　　B. 错误

【答案】 A

【难度】 中等

【解析】 略。

（12）定义函数时，带有默认值的参数必须出现在参数列表的最右端，任何一个带有默认值的参数右边不允许出现没有默认值的参数。（　　）

　　A. 正确　　　　　　B. 错误

【答案】 A

【难度】 中等

【解析】 在调用函数时如果不指定某个参数，Python 解释器会抛出异常。为了解决这个问题，Python 允许为参数设置默认值，即在定义函数时，直接给形式参数指定一个默认值。这样的话，即便调用函数时没有给拥有默认值的形参传递参数，该参数可以直接使用定义函数时设置的默认值。在使用此格式定义函数时，指定有默认值的形式参数必须在所有没有默认值参数的最后,否则会产生语法错误。

3. 简答题

(1) 编写函数,求 $1+2+3+\cdots+n$。

```
def s_sum(num):
    i = 1
    sum1 = 0
    while i <= num:
        sum1 += i
        i += 1
    return sum1
num = int(input('请输入一个整数: '))
print('和为:', s_sum(num))
```

(2) 编写一个函数,求多个数中的最大值。

```
def n_max(nums):
    max_num = 0
    for x in nums:
     if max_num < x:
            max_num = x
    return max_num
nums = [12, 45, 12, 56, 55, 78, 41, 33, 89, 20, 90]
print('最大值为:', n_max(nums))
```

(3) 编写函数,实现摇骰子的功能,打印多个骰子的点数和。

```
from random import randint
def s_sum(n):
    b = 0
    while n > 0:
        a = randint(1, 6)
        b += a
        n -= 1
    return b
n = int(input('请输入骰子个数: '))
print(s_sum(n))
```

第 6 章

类 和 对 象

学习目标

（1）掌握面向对象的基本思想。

（2）掌握类的定义方法。

（3）掌握对象的创建和使用方法。

（4）掌握面向对象的基本特性。

6.1 认识面向对象程序设计

面向对象程序设计（object oriented programming，OOP）是一种程序设计思想。它将真实世界各种复杂的关系抽象为一个个对象，然后通过对象之间的分工与合作，完成对真实世界的模拟。在面向对象程序设计思想中，每个对象都是功能中心，具有明确分工，可以完成接收信息、处理数据、发出信息等任务。因此，面向对象程序设计具有灵活、代码可复用、高度模块化等特点，程序容易维护和开发，比起由一系列函数或指令组成的传统的面向过程编程（procedure oriented programming，POP），更适合多人合作的大型软件项目。面向过程和面向对象的比较如图 6.1 和图 6.2 所示。

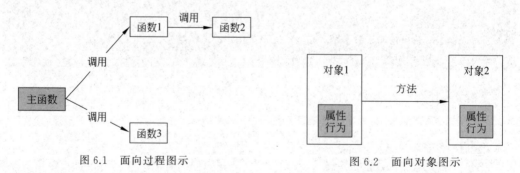

图 6.1 面向过程图示　　　　　　　图 6.2 面向对象图示

面向过程是一种以过程为中心的程序设计思想，它首先分析出解决问题所需要的步骤，然后用函数把这些步骤逐步实现，使用时逐个依次调用就可以了。面向过程的程序设计思想总结起来就是"自顶向下，逐步细化"。

面向过程的特性是：功能模块化、代码流程化。

面向过程的优点是：性能高,适用于资源紧张,实时性要求较高的场合。

面向过程的缺点是：相比面向对象程序设计,代码不易维护、不易复用、不易扩展。

面向对象是一种以对象为中心的程序设计思想,它把构成问题的事务分解成各个对象,建立对象不是为了完成一个步骤,而是为了描述某个事物在整个解决问题的步骤中的行为。

面向对象的三个基本特性是：封装、继承、多态。

（1）封装：封装是指利用抽象数据类型（类）将数据和操作代码封装在一起,构成一个不可分割、互不干扰的独立实体（对象）。封装隐藏了对象的内部细节,将数据和操作保护在抽象数据类型的内部,只保留少量对外接口与外部联系。封装提高了数据安全性,可以防止无关的人访问和修改数据。类似于生活中的包装,封装实现了信息隐藏。

（2）继承：在一个已定义的类（基类或父类）的基础上,生成一个新类（派生类或子类）。子类可以继承基类的数据和成员,也可以增加自己的数据和成员。继承提高了软件的复用性,从而可以提高开发的效率。

（3）多态：同一操作作用于不同的对象,可以有不同的解释,产生不同的执行结果。多态性增强了软件的灵活性。

面向对象的优点是：代码易维护、易复用、易扩展、低耦合。

面向对象的缺点是：程序性能比面向过程低。

6.2　类的定义和使用

类不是一个实体,而是对具有相同的属性和行为的对象的抽象。即类是对象的模板,通过它可以创建出无数个具体实例（对象）。

类并不能直接使用,通过类定义的数据结构创建出实例（对象）才能使用。

实例化是指创建一个类的实例（对象）的过程。

6.2.1　类的定义

类包括数据成员和成员方法。创建类时用变量形式表示对象特征的成员称为数据成员,用函数形式表示对象行为的成员称为成员方法,数据成员和成员方法统称为类的成员。

1. 类的定义

Python 中,使用关键字 class 来定义类,语法格式如下。

格式一：派生自 object 类的类。

```
class 类名[([object])]:
    数据成员
    成员方法
```

说明：

（1）Python 中,object 类是所有类的基类。可以省略不写,省略时,类名后面的圆括号也可以省略不写。

（2）类名的首字母一般大写，类名后面的冒号"："不能省略。

（3）数据成员和成员方法要注意缩进保持一致。

格式二：派生自其他基类的类。

```
class 类名(基类 1,基类 2,...):
    数据成员
    成员方法
```

说明：

（1）Python 支持多继承，即一个类可以有多个基类，不同基类之间用逗号隔开。

（2）基类名要括在一对小括号内。

（3）小括号后的冒号(:)不能省略。

（4）数据成员和成员方法要注意缩进保持一致。

【例 6-1】 定义类 Person，包括成员变量姓名、性别、年龄，成员方法 show()用来显示个人信息。

程序代码如下。

```
01  class Person:
02      #数据成员
03      name='王明'
04      sex='男'
05      age=18
06      #成员方法
07      def show(self):
08          print(self.name,self.sex,self.age)
```

【例 6-2】 定义类 Student，它派生自 Person 类，除姓名、性别、年龄外，还有成员变量学号、成绩，成员方法 show()显示个人信息以及学生成绩。

程序代码如下。

```
01  class Student(Person):
02      #子类新增数据成员
03      id='000'
04      score=0.0
05      #重写类成员方法
06      def show(self):
07          Person.show(self)
08          print(self.score)
```

说明：

（1）定义类时，构造方法和实例方法必须包含且必须是第一个参数 self，代表当前对象的地址，并且调用时不用传递该参数。

（2）self 不是关键字，名称也不是必需的(可以重新定义)，最好是按照约定使用 self。

2. 数据成员

根据变量定义的位置以及定义方式,数据成员(变量)分为以下几种。

(1) 类数据成员(类变量):用来描述类的特征,为类的所有实例所共有,内存中只存在一个副本,在类中所有方法成员之外定义。

(2) 实例数据成员(实例变量):用来描述实例的特征,分别为每个实例拥有,在成员方法内部,定义和使用时必须以 self 作为前缀。

(3) 局部数据成员(局部变量):在成员方法内部,以"变量名=变量值"的方式定义的变量,为所在成员方法所拥有。

3. 成员方法

根据成员方法定义方式,成员方法分为以下几种。

(1) 实例方法:用来描述实例的行为,属于实例。通常情况下,在类中定义的方法默认都是实例方法。

实例方法又分为公有方法和私有方法,其中私有方法的名字以两个下划线"__"开始。公有方法可以通过对象名直接调用,私有方法不能通过对象名直接调用,可以在其他实例方法中通过前缀 self 进行调用或在外部通过特殊的形式来调用。

所有实例方法的第一个参数必须为 self,self 参数代表当前对象。在实例方法中访问实例成员时需要以 self 为前缀,但在外部通过对象名调用对象方法时并不需要传递这个参数。如果在外部通过类名调用属于对象的公有方法,需要显式为该方法的 self 参数传递一个对象名,用来明确指定访问哪个对象的成员。

(2) 类方法:用来描述类的行为,为类的所有实例所共享。

定义成员方法时,使用"@classmethod"修饰符来表明是类方法。类方法一般以 cls 作为第一个参数,cls 表示该类自身,在调用类方法时不需要为该参数传递值。

(3) 静态方法:属于类,为类对象提供辅助功能。

定义成员方法时,使用"@staticmethod"修饰符来表明是静态方法。静态方法参数列表中没有 cls,也没有 self,可以不接收任何参数。

6.2.2　类的实例化

1. 创建对象

类定义完成后并不能直接使用,必须创建该类的对象。创建对象的过程又称为类的实例化,类的实例化的语法格式如下。

```
类名([参数列表])
```

【例 6-3】　用 6.2.1 小节中定义的类 Person 和 Student 来实例化 p1 和 s1。
程序代码如下。

```
01  p1=Person()
02  s1=Student()
```

注意:创建对象时,可以没有参数,但必须有小括号。

2. 构造方法

在 Python 中,构造方法是一种特殊的方法,其名称固定为__init__。在对类实例化时,构造方法会被 Python 解释器自动调用,一般用来做一些"准备"工作。构造方法显式定义的语法格式如下。

```
def __init__(self[,参数列表]):
    代码块
```

注意:

(1) 构造方法的名称是固定的,开头和结尾各有 2 个下画线,且中间不能有空格。

(2) 构造方法可以包含多个参数,但必须包含 self 参数且其必须作为第一个参数。

(3) 如果不显式定义构造方法,Python 会自动为类添加一个仅包含 self 参数的构造方法。

(4) 类实例化时,要传递实参列表(除了 self 参数)给构造方法。

【例 6-4】 定义类 Person,在其构造方法中接收并输出个人信息。

程序代码如下。

```
01  class Person:
02      #构造方法
03      def __init__(self,name,sex,age):
04          print(name,sex,age)
05  p=Person('王明','男',20)
```

运行结果如图 6.3 所示。

图 6.3　构造方法——输出个人信息

说明:

(1) 创建 Person 类的对象时,构造方法会被自动调用。

(2) 类实例化时给出的参数列表会通过构造方法传入程序中。

(3) Python 不支持方法重载,如果定义了多个构造方法,最后自动调用的是最后一个。

【例 6-5】 定义类 Student,其构造方法接收参数(姓名、数学成绩、语文成绩、英语成绩),计算总成绩并输出。

程序代码如下。

```
01  class Student:
02      #定义构造方法
03      def __init__(self,name,math,chinese,english):
```

```
04          #计算总成绩
05          total=math+chinese+english
06          print("{0}的总成绩为: {1}".format(name,total))
07   s=Student("赵鑫",98,89,87)
```

运行结果如图 6.4 所示。

图 6.4　构造方法——输出成绩信息

3. 析构方法

在 Python 中,析构方法是一种特殊的方法,其名称为__del__,在类的对象被销毁时,会被 Python 解释器自动调用,一般用来做一些"清理"工作。显式定义析构方法的语法格式如下。

```
def __del__(self):
    代码块
```

【例 6-6】　定义类 Student,其成员包括姓名、数学成绩、语文成绩、英语成绩,在构造方法中接收参数并输出总成绩。在析构方法中输出信息"最后一个 Student 类对象被删除"。

程序代码如下。

```
01   class Student:
02       #定义构造方法
03       def __init__(self,name,math,chinese,english):
04           #计算总成绩
05           total=math+chinese+english
06           print("{0}的总成绩为: {1}".format(name,total))
07       #定义析构方法
08       def __del__(self):
09           print("最后一个 Student 类对象被删除")
10
11   s1=Student("赵鑫",98,89,87)
12   s2=s1
13   print("删除 s1")
14   del s1
15   print("删除 s2")
16   del s2
```

运行结果如图 6.5 所示。

说明:

(1) 析构方法的名称是固定的,开头和结尾各有 2 个下画线,且中间不能有空格。

(2) 析构方法一般不需要显式定义。

```
exa0606 ×
F:\pythonProject\venv\Scripts\python.exe F:/pythonProject/exa0606.py
赵鑫的总成绩为: 274
删除s1
删除s2
最后一个Student类对象被删除

进程已结束，退出代码为 0
```

图 6.5 析构方法

(3) 只有当类的所有对象都被销毁时,析构方法才被调用。

在 Python 中,除了构造方法和析构方法外,还有一些特殊方法,用来实现更多的功能。通过下述方法可以查看类的数据成员和成员方法。

程序代码如下。

```
>>>class test:
    pass

>>>t=test()
>>>dir(t)
```

运行结果如图 6.6 所示。

```
['__class__', '__delattr__', '__dict__', '__dir__', '__doc__', '__eq__', '__format__', '__ge__', '__getattribute__', '__gt__', '__hash__', '__init__', '__init_subclass__', '__le__', '__lt__', '__module__', '__ne__', '__new__', '__reduce__', '__reduce_ex__', '__repr__', '__setattr__', '__sizeof__', '__str__', '__subclasshook__', '__weakref__']
```

图 6.6 类的数据成员和方法

6.2.3 成员的访问限制

1. 对象成员的访问

创建对象以后,可以用点(.)运算符(成员访问运算符)来访问对象的成员(数据成员和成员方法),语法格式如下。

```
对象名.成员
```

说明:

(1) 只能直接访问对象的公有数据成员。

(2) 可以访问类的成员或静态方法,建议使用类名来访问。

【例 6-7】 定义类 Person,包括数据成员姓名、性别、年龄,成员方法 Show()用来显示个人信息。通过类的对象访问数据成员和成员方法。

程序代码如下。

```
class Person:
  #构造方法
  def __init__(self):
```

```
04          self.age =None
05          self.sex =None
06          self.name =None
07      #成员方法
08      def Show(self):
09          print(self.name,self.sex,self.age)
10  p1=Person()
11  p1.name="张强"            #访问数据成员 name
12  p1.sex='男'              #访问数据成员 sex
13  p1.age=19               #访问数据成员 age
14  p1.Show()               #访问成员方法 Show()
```

运行结果如图 6.7 所示。

```
exa0607 ×
F:\pythonProject\venv\Scripts\python.exe F:/pythonProject/exa0607.py
张强 男 19

进程已结束,退出代码为 0
```

图 6.7　数据成员和成员方法

2. 成员的访问限制

成员的访问限制使类的成员在不同范围内具有不同的可见性,用于数据成员或成员方法的隐藏。在 Python 中,成员名称以下画线开头或结束,来实现成员方法访问限制,规则如下。

（1）×××（没有下画线）：公有成员,任何时候都可以访问。

（2）_×××（以一个下画线开头）：受保护的成员一般都是可以访问的,不建议通过对象名直接访问。不能用 from module import ∗ 语句把其他模块定义的受保护的成员导入当前模块。

（3）__×××（以两个下画线开头但不以两个下画线结束）：私有成员,一般不能在类的定义语句外访问,可以通过"对象名._类名私有成员名"的格式来访问。

【例 6-8】　定义类 Person,包括数据成员姓名、性别、年龄,成员方法 Show()用来显示个人信息。通过类的对象访问数据成员和成员方法。

程序代码如下。

```
01  class Person:
02      #构造方法
03      def __init__(self):
04          self.__age =20           #私有成员
05          self.sex ='男'
06          self.name ='张强'
07      #成员方法
08      def Show(self):
09          print(self.name,self.sex,self.__age)
10
11  p1=Person()
```

```
12   p1.Show()
13   print(p1.name)                    #在类外可以访问公有成员
14   print(p1.__age)                    #在类外不可以访问私有成员
```

运行结果如图 6.8 所示。

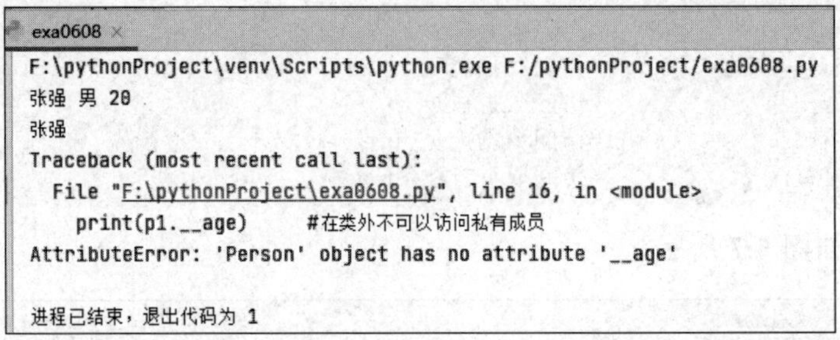

图 6.8　类外不能直接访问私有数据成员

修改程序代码，使对象可以访问私有成员。

```
01   p1=Person()
02   p1.Show()
03   print(p1.name)                    #在类外可以访问公有成员
04   print(p1._Person__age)            #在类外使用指定格式方法私有数据成员
```

运行结果如图 6.9 所示。

图 6.9　访问私有数据成员

6.3　属性

1. 属性的引入

在讲解属性前，先看下面的例子

【例 6-9】　定义类 Student，其成员包括姓名、数学成绩、语文成绩、英语成绩，用 GetScore()方法接收成绩并存储到实例数据成员中。使用 ShowScore()方法计算总成绩并输出。

程序代码如下。

```
01   class Student:
02       #定义实例方法 GetScore
03       def GetScore(self):
04           self.name=input("输入姓名: ")
```

```
05          self.math=float(input("输入数学成绩: "))
06          self.chinese =float(input("输入语文成绩: "))
07          self.english =float(input("输入英语成绩: "))
08
09      #定义实例方法 ShowScore
10      def ShowScore(self):
11          print(self.name+"的成绩如下: ")
12          print("数学成绩: ",self.math)
13          print("语文成绩: ", self.chinese)
14          print("英语成绩: ", self.english)
15          total=self.math+self.chinese+self.english
16          print("{0}的总成绩为: {1}".format(self.name,total))
17
18  #类的实例化和成员方法调用
19  s=Student()
20  s.GetScore()
21  s.ShowScore()
```

运行结果如图 6.10 所示。

```
exa0609 ×
F:\pythonProject\venv\Scripts\python.exe F:/pythonProject/exa0609.py
输入姓名: 张力
输入数学成绩: 98
输入语文成绩: 120
输入英语成绩: -45
张力的成绩如下:
数学成绩: 98.0
语文成绩: 120.0
英语成绩: -45.0
张力的总成绩为: 173.0
```

图 6.10   无合法性判断的成绩统计

从运行结果来看,可以看出程序中缺少对成绩合法性的判断。

【例 6-10】 为例 6-9 添加成绩合法性判断。

分析:如果成绩不在[0,100]区间,说明输入有误,需要重新输入,直到输入合法成绩为止。

程序代码如下。

```
01  class Student:
02      #定义实例方法 GetScore
03      def GetScore(self):
04          self.name=input("输入姓名: ")
05          while True:
06              self.math=float(input("输入数学成绩: "))
07              if 100>=self.math>=0:
08                  break
09              else:
10                  print("输入的数学成绩不合法,请重新输入!")
```

```
11
12          while True:
13              self.chinese = float(input("输入语文成绩: "))
14              if 100>=self.chinese>=0:
15                  break
16              else:
17                  print("输入的语文成绩不合法,请重新输入!")
18
19          while True:
20              self.english = float(input("输入英语成绩: "))
21              if 100>=self.english>=0:
22                  break
23              else:
24                  print("输入的英语成绩不合法,请重新输入!")
25
26      #定义实例方法 ShowScore
27      def ShowScore(self):
28          print(self.name+"的成绩如下: ")
29          print("数学成绩: ",self.math)
30          print("语文成绩: ", self.chinese)
31          print("英语成绩: ", self.english)
32          total=self.math+self.chinese+self.english
33          print("{0}的总成绩为: {1}".format(self.name,total))
34
35      #类的实例化及方法调用
36      s=Student()
37      s.GetScore()
38      s.ShowScore()
```

运行结果如图 6.11 所示。

```
exa0610 ×
F:\pythonProject\venv\Scripts\python.exe F:/pythonProject/exa0610.py
输入姓名: 张力
输入数学成绩: 120
输入的数学成绩不合法,请重新输入!
输入数学成绩: 89
输入语文成绩: 95
输入英语成绩: -45
输入的英语成绩不合法,请重新输入!
输入英语成绩: 59
张力的成绩如下:
数学成绩: 89.0
语文成绩: 95.0
英语成绩: 59.0
张力的总成绩为: 243.0

进程已结束,退出代码为 0
```

图 6.11   有合法性判断的成绩统计

从运行结果来看,由于方法 GetScore()中添加了对成绩的判断,因此可以保证输入的合法性,却降低了程序的可读性。事实上,程序在操作数据成员时,常常需要添加一些限制,这时就可以使用属性。

2. 读属性

属性是一种特殊的成员方法(由数据成员包装而成)。对属性既可以像对数据成员那样进行访问,又可以像对成员方法那样对值进行必要的检查,还支持对成员的访问限制。

定义方法时,在方法的前面添加一个@property 修饰符,该方法就被转换为属性,同时可以自定义 setter、getter、deleter 方法,来实现属性的访问控制。基本语法格式如下。

```
@property
def 方法名(self):
    代码块
```

(1) 方法名可以和某一私有数据成员同名(无下画线),用来实现对该私用成员的控制。

(2) 属性是特殊的实例方法,带一个参数(self)。

【例 6-11】 定义一个 Student 类,并使用@property 修饰符定义的 Name 属性操作实例私有成员__name。

程序代码 1 如下。

```
01  class Student:
02      #定义构造方法
03      def __init__(self,name):
04          #将参数中的数据信息存储到实例数据成员中
05          self.__name=name
06      @property
07      def Name(self):
08          return self.__name
09
10  #类的实例化和使用
11  s=Student('张力')
12  print(s.Name)
```

运行结果如图 6.12 所示。

图 6.12 只读属性

说明:

(1) @property 修饰符修饰了 Name()方法,该方法即成为 Name 属性的 getter 方法(获取属性时执行)。

(2) 由于 Name 属性只定义了 getter 方法,因此该属性为只读属性,不允许被修改。对 Name 属性重新赋值时,运行代码会出错。

程序代码 2 如下。

```
01   #类的实例化和使用
02   s=Student('张力')
03   print(s.Name)
04   s.Name='张丽'
```

运行结果如图 6.13 所示。

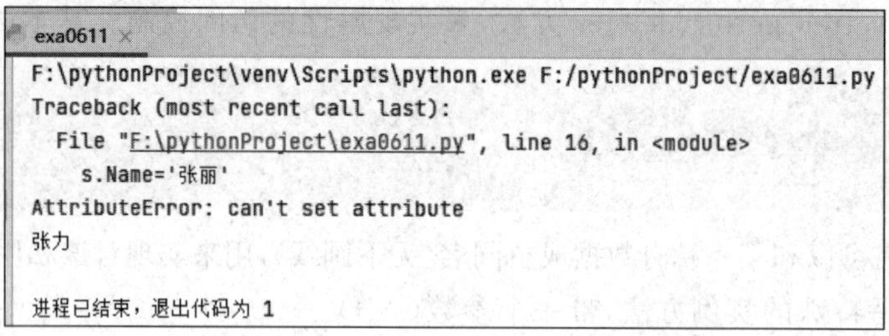

```
exa0611 ×
F:\pythonProject\venv\Scripts\python.exe F:/pythonProject/exa0611.py
Traceback (most recent call last):
  File "F:\pythonProject\exa0611.py", line 16, in <module>
    s.Name='张丽'
AttributeError: can't set attribute
张力

进程已结束，退出代码为 1
```

图 6.13   只读属性不能修改

3. 修改属性

如果要修改属性的值，还需要定义 setter 方法（设置属性时执行），语法格式如下。

```
@方法名.setter
def 方法名(self, value):
    代码块
```

说明：

（1）方法名和前面使用@property 修饰符修饰的方法名一致。

（2）该方法有两个属性，第一个为 self，第二个用来传递设置属性时给出的值。

【例 6-12】 定义一个 Student 类，并使用@property 修饰符定义的 Name 属性操作实例私有成员__name，并为 Name 属性添加 setter 方法。

程序代码如下。

```
01   class Student:
02       #定义构造方法
03       def __init__(self,name):
04           #将参数中的数据信息存储到实例数据成员中
05           self.__name=name
06
07       @property
08       def Name(self):
09           return self.__name
10
11       @Name.setter
12       def Name(self,value):
13           self.__name=value
14
15   #类实例化
```

```
16   s=Student('张力')
17   print(s.Name)
18   s.Name='张丽'
19   print(s.Name)
```

运行结果如图 6.14 所示。

```
exa0612 ×
F:\pythonProject\venv\Scripts\python.exe F:/pythonProject/exa0612.py
张力
张丽

进程已结束，退出代码为 0
```

图 6.14　读写属性

4. 删除属性

如果需要在属性被删除时进行操作，则需要定义 deleter 方法（删除属性时执行）。语法格式如下。

```
@方法名.deleter
def 方法名(self):
     代码块
```

说明：

（1）方法名和前面使用@property 修饰符修饰的方法名一致。

（2）该方法有一个参数（self）。

【例 6-13】 定义一个 Student 类，并使用@property 修饰符定义的 Name 属性操作实例私有成员__name，并为 Name 属性添加 setter 方法和 deleter 方法。

程序代码如下。

```
01   class Student:
02       #定义构造方法
03       def __init__(self,name):
04           #将参数中的数据信息存储到实例数据成员中
05           self.__name=name
06
07       @property
08       def Name(self):
09           return self.__name
10
11       @Name.setter
12       def Name(self,value):
13           self.__name=value
14
15       @Name.deleter
16       def Name(self):
17           self.__name="已删除"
18
```

```
19  #类的实例化
20  s=Student('张力')
21  print(s.Name)
22  del s.Name
23  print(s.Name)
24  print("end")
```

运行结果如图 6.15 所示。

```
exa0613 ×
F:\pythonProject\venv\Scripts\python.exe F:/pythonProject/exa0613.py
张力
已删除
end

进程已结束，退出代码为 0
```

图 6.15　读写删属性

6.4　类的继承

6.4.1　继承的基本语法

继承是面向对象编程的重要特性，通过继承可以实现代码的复用。通过继承在已有类（基类或父类）的基础上创建新类（派生类或子类）。类之间一旦有继承关系，子类就会自动拥有父类的属性和方法。

1. 单继承

单继承的语法格式如下。

```
class 子类名(父类名):
    新增的数据成员
    新增的成员方法
```

说明：

（1）父类名在子类名后的小括号中。

（2）小括号后面的冒号（:）不能省略。

（3）子类新增的数据成员和成员方法缩进要保持一致。

【例 6-14】　单继承示例。

程序代码如下。

```
#父类定义:
01  class Person:
02      def SetPer(self,name):
03          self.name=name
04
05      def ShowPer(self):
06          print(self.name)
```

```
#子类定义
class Student(Person):
    def ShowStu(self):
        print(self.name,"是一个优秀的学生")

#类的实例化
s=Student()
s.SetPer("张三")
s.ShowPer()
s.ShowStu()
s.name="李四"
s.ShowPer()
s.ShowStu()
```

运行结果如图 6.16 所示。

```
exa0614
F:\pythonProject\venv\Scripts\python.exe F:/pythonProject/exa0614.py
张三
张三 是一个优秀的学生
李四
李四 是一个优秀的学生

进程已结束，退出代码为 0
```

图 6.16　单继承示例

说明：

(1) Student 类中，只有一个 ShowStu()方法。

(2) 实例化以后，对象继承了 Person 类中的数据成员 name 和成员方法 SetPer()和 ShowPer()。

(3) Student 类的实例对象既可以调用父类 Person 的方法，也可以调用子类 Student 的方法。

2. 多继承

Python 是支持多继承的，语法格式如下。

```
class 子类名(父类 1,父类 2,...):
    新增的数据成员
    新增的成员方法
```

说明：

(1) 父类名在子类名后的小括号中，不同父类名之间用逗号隔开。

(2) 小括号后面的冒号(:)不能省略。

(3) 子类新增的数据成员和成员方法缩进要保持一致。

【例 6-15】 多重继承示例。

程序代码如下。

```
01  class Student:
02      def ShowStu(self):
03          self.stu="学生"
04          print(self.stu)
05
06  class Writer:
07      def ShowWri(self):
08          self.wri="作家"
09          print(self.wri)
10
11  class StuWriter(Student,Writer):
12      pass
13
14  #类的实例化
15  sw=StuWriter()
16  sw.ShowStu()
17  sw.ShowWri()
```

运行结果如图 6.17 所示。

```
exa0615 ×
F:\pythonProject\venv\Scripts\python.exe F:/pythonProject/exa0615.py
学生
作家

进程已结束，退出代码为 0
```

图 6.17   多重继承示例

说明：StuWriter 类本身没有定义任何方法，但继承了父类 Student 和 Writer 的 ShowStu()方法和 ShowWriter()方法。

3. 子类继承父类的构造方法

如果子类没有定义自己的构造方法，实例化类对象时，默认调用父类的构造方法。如果子类定义了自己的构造方法，会调用子类的构造方法。

【例 6-16】 继承父类的构造方法。

程序代码如下。

```
01  class Person:
02      def __init__(self):
03          self.name="张三"
04          self.sex='男'
05
06      def ShowPer(self):
07          print(self.name,self.sex)
08
09  class Student(Person):
10      def ShowStu(self):
11          print(self.name,self.sex)
12
```

```
13  #类的实例化
14  s =Student()
15  s.ShowStu()
```

运行结果如图 6.18 所示。

图 6.18　继承父类的构造方法

4. 子类调用父类的成员方法

（1）加上父类的名为前缀，且显式带上 self 参数，语法格式如下。

```
父类名.方法名(self[,参数列表])
```

（2）通过 super()方法调用父类方法，语法格式如下。

```
super().方法名([参数列表])
```

如在例 6-14 中，如果 Student 类的 ShowStu()方法需要调用父类的 SetPer()和 ShowPer()方法，可以使用如下语句。

```
01  Person.SetPer(self,"王五")
02  super().ShowPer()
```

说明：

（1）Python 中，子类对象调用方法时，总是首先查找对应类的方法，若子类中没有找到，才会依次在各个父类中查找。

（2）子类成员和对象不能访问基类的私有成员。

6.4.2　方法重载

方法重载也称方法覆盖，指的是对类中已有方法的内部实现进行修改。如果在子类中重写了从父类继承来的方法，那么当在类的外部通过子类对象调用该方法时，Python 总是会执行子类中重载的方法。

1. 子类重载父类的构造方法

【例 6-17】　子类重载父类的构造方法。

程序代码如下。

```
01  class Person:
02    def __init__(self):
03      self.name="张三"
04      self.sex='男'
```

```
05
06      def ShowPer(self):
07          print(self.name,self.sex)
08
09  class Student(Person):
10      def __init__(self):
11          self.name ="李莉"
12          self.sex ='女'
13
14      def ShowStu(self):
15          print(self.name,self.sex)
16
17  #类的实例化
18  s =Student()
19  s.ShowStu()
```

运行结果如图 6.19 所示。

```
exa0617 ×
F:\pythonProject\venv\Scripts\python.exe F:/pythonProject/exa0617.py
李莉 女

进程已结束,退出代码为 0
```

图 6.19   子类重载父类的构造方法

2. 子类重载父类的同名方法

【例 6-18】   子类重载父类的同名方法。

程序代码如下。

```
01  class Person:
02      def Show(self):
03          self.name="张三"
04          self.sex='男'
05          print(self.name,self.sex)
06
07  class Student(Person):
08      def Show(self):
09          self.name ="李莉"
10          self.sex ='女'
11          print(self.name,self.sex)
12
13  #类的实例化
14  s =Student()
15  s.Show()
```

运行结果如图 6.20 所示。

图 6.20 子类重载父类的同名方法

6.5 多态

面向对象程序设计中的多态是指同一操作作用于不同的类实例,不同的类将进行不同的解释,最后产生不同的执行结果。具体实现多态时不同语言要求不同。对于 C++、Java 和 C#等强类型语言来说,实现多态一定要以继承为前提。Python 语言不需要类之间有继承关系。Python 是一种动态语言,它不关注对象的类型,而是关注对象具有的行为。Python 语言中,它只关注对象有没有这个方法,而不在意对象属于哪个类或继承自哪个父类。

1. 对象所属的类之间没有继承关系

【例 6-19】 对象所属的类之间没有继承关系的多态。

程序代码如下。

```
01  class Cat:
02      def eat(self):
03          print("小猫爱吃鱼")
04
05  class Dog:
06      def eat(self):
07          print("小狗爱吃肉")
08
09  class Bird:
10      def eat(self):
11          print("小鸟爱吃虫")
12
13  def eatfood(obj):
14      obj.eat()
15
16  #类实例化
17  c=Cat()
18  eatfood(c)
19  d=Dog()
20  eatfood(d)
21  b=Bird()
22  eatfood(b)
```

运行结果如图 6.21 所示。

2. 对象所属的类之间有继承关系

【例 6-20】 对象所属的类之间有继承关系的多态。

程序代码如下。

图 6.21   无继承关系的多态

```
01   class Dog:
02       def show(self):
03           print("这是一只狗")
04
05   class Husky(Dog):
06       def show(self):
07           Dog.show(self)
08           print("这是一只哈士奇")
09
10
11   class WolfDog(Dog):
12       def show(self):
13           super().show()
14           print("这是一只狼狗")
15
16
17   def showdog(obj):
18       obj.show()
19
20   #类实例化
21   d = Dog()
22   h = Husky()
23   w = WolfDog()
24   showdog(d)
25   showdog(h)
26   showdog(w)
```

运行结果如图 6.22 所示。

图 6.22   有继承关系的多态

6.6 项目训练

【例 6-21】 通信录管理系统。

任务要求：

（1）实现通信录管理系统，每个成员包括姓名、联系方式（电话号码（11 位数字）、微信号）。

（2）系统有操作菜单（增加、删除、修改、查找、显示、退出）。

（3）添加成员时，如果该姓名已经存在，则根据提示覆盖或不覆盖原信息。

（4）查找、修改和删除包括按姓名和按电话号进行操作。

分析：

（1）根据任务要求，可以设计两个类。

① Person 类，存储和显示单个成员信息。因为电话号码要求 11 位数字，可以利用属性来控制电话号码的存储。

② Contracts 类，用来存储和操作（添加、删除、修改、查找、显示）通信录。

（2）定义两个方法。

① menu()方法，用来显示操作菜单，并返回选择序号。

② main()方法，用来完成主流程（循环输出菜单，根据菜单序号进行相应的操作，直到选择退出）。

程序代码如下。

```
001  #菜单的选择,返回选择序号
002  def menu():
003      print("*****************************")
004      print("\t 欢迎使用通信录管理系统")
005      print("*****************************")
006      print("1 增加")
007      print("2 删除")
008      print("3 修改")
009      print("4 查找")
010      print("5 显示")
011      print("6 退出")
012      n=int(input("输入选择序号: "))
013      return n
014
015  #定义成员类
016  class Person:
017      def __init__(self):
018          self.name=None           #姓名
019          self.wechat =None        #微信号
020          self.__tel=None          #电话号码
021
```

```
022        #定义电话号码属性,电话号码必须是 11 位数字
023        @property
024        def tel(self):
025            return self.__tel
026        @tel.setter
027        def tel(self,value):
028            v=value
029            while True:
030                if v.isdigit() and len(v)==11:
031                    self.__tel=v
032                    break
033                else:
034                    print("电话号码格式错误!")
035                    v=input("重新输入电话号码: ")
036
037        #显示单个成员信息
038        def showper(self):
039            print("姓名: {0}\t\t 电话号码: {1}\t 微信: {2}".format(self.name,
               self.__tel,self.wechat))
040
041    #定义通信录类
042    class Contracts:
043        def __init__(self):
044            self.contracts=list()                    #通信录列表
045
046        #添加成员方法
047        def addper(self):
048            p=Person()
049            print("输入成员信息: ")
050            p.name=input("姓名: ")
051            p.tel=input("电话号码: ")
052            p.wechat=input("微信: ")
053            self.contracts.append(p)
054            self.showall()
055
056        #查找成员方法
057        def findper(self,n):
058            if n==1:
059                findname=input("输入姓名: ")
060                for i in range(0,len(self.contracts)):
061                    if self.contracts[i].name==findname:
062                        return i
063                    else:
064                        print("通信录中不存在: ",findname)
065                        input()
066                        return None
067            else:
068                findtel=input("输入电话号码: ")
069                for i in range(0,len(self.contracts)):
```

```
070                         if self.contracts[i].tel==findtel:
071                             return i
072                     else:
073                         print("通信录中不存在: ",findtel)
074                         input()
075                         return None
076
077         #删除成员方法
078         def delper(self,sel):
079             n=self.findper(sel)
080             if n!=None:
081                 self.contracts.pop(n)
082             self.showall()
083
084         #修改成员方法
085         def modiper(self,sel):
086             p =Person()
087             n=self.findper(sel)
088             if n!=None:
089                 print("修改前成员信息: ")
090                 self.contracts[n].showper()
091                 print("输入修改后成员信息: ")
092                 p.name=input("姓名: ")
093                 p.tel =input("电话号码: ")
094                 p.wechat =input("微信: ")
095                 yn=int(input("是否覆盖原信息(1 是 2 否): "))
096                 if yn==1:
097                     self.contracts[n]=p
098             self.showall()
099
100
101         #显示所有成员方法
102         def showall(self):
103             print("通信录信息: ")
104             for item in self.contracts:
105                 item.showper()
106             input()
107
108 #主方法
109 def main():
110     c=Contracts()
111     while True:
112         n =menu()
113         if n==1:
114             c.addper()
115         elif n==2:
116             sel =int(input("1 按姓名删除\n2 按电话号码删除\n"))
117             c.delper(sel)
118         elif n==3:
```

```
119              sel =int(input("1 按姓名查找后修改\n2 按电话号码查找后修改\n"))
120              c.modiper(sel)
121          elif n==4:
122              sel =int(input("1 按姓名查找\n2 按电话号码查找\n"))
123              ret =c.findper(sel)
124              if ret !=None:
125                  c.contracts[ret].showper()
126                  input()
127          elif n==5:
128              c.showall()
129          elif n==6:
130              break
131          else:
132              pass
133
134  #主方法调用执行
135  main()
```

运行结果如图 6.23 所示。

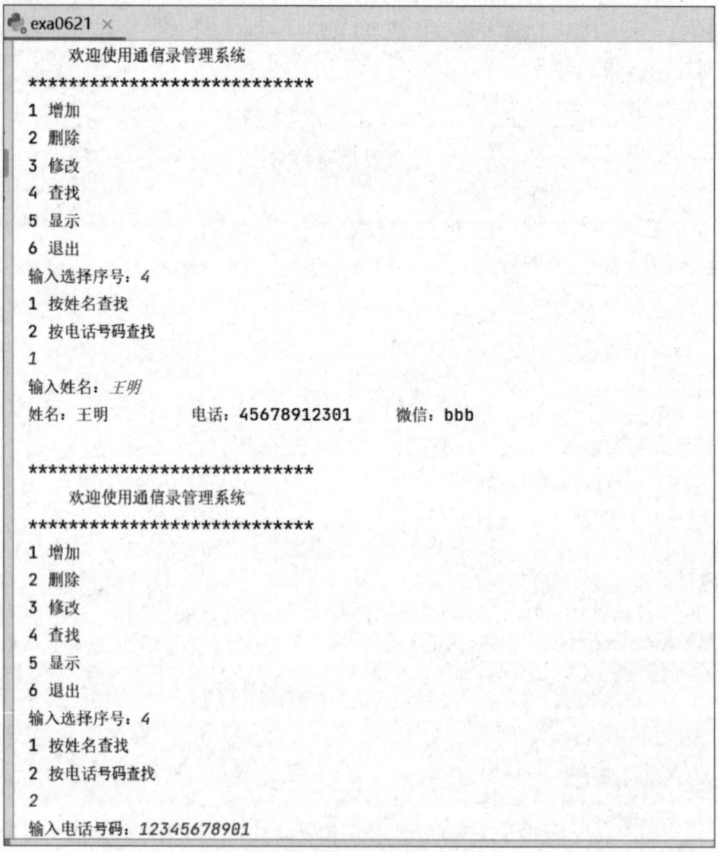

图 6.23　通信录管理系统

6.7 本章小结

本章主要介绍了面向对象的相关知识,包括类的基本概念、类的定义以及类的实例化,并结合实例介绍了类的定义方法、实例化方法以及面向对象的三大特性(封装、继承和多态)。通过本章的学习,读者可以体会到面向对象编程的基本思想和常用的编程方法。

习题 6

1. 单项选择题

(1) 如果从父类继承的方法不能满足子类的需求,可以对其进行改写,这个过程叫方法的( )。

  A. 重写   B. 重载   C. 改写   D. 调用

【答案】 B

【难度】 中等

【解析】 如果从父类继承的方法不能满足子类的需求,可以对其进行改写,这个过程称为方法的重载。

(2) 关于 Python 类说法错误的是( )。

  A. 类的实例方法必须在创建对象后才可以调用

  B. 类的实例方法必须在创建对象前才可以调用

  C. 类的成员方法可以用对象名和类名来调用

  D. 类的静态属性可以用类名和对象名来调用

【答案】 B

【难度】 中等

【解析】 类方法大体分为 3 类,分别是类方法、实例方法和静态方法,其中实例方法用得最多。实例方法的调用方式有 2 种,既可以采用对象名称调用,也可以直接通过类名调用。

(3) 定义类如下。

```
class Hello():
    def __init__(self,name):
        self.name=name
     def showInfo(self):
       print(self.name)
```

下面代码能正常执行的是( )。

  A. h = Hello   B. h = Hello()

    h.showInfo()   h.showInfo('张三')

  C. h = Hello('张三')   D. h = Hello('admin')

    h.showInfo()   showInfo

【答案】 C

【难度】 中等

【解析】 使用类的实例调用类中的实例方法。

（4）以下关于面向对象程序设计的描述中错误的是（   ）。

    A. 类可以理解为一个模板，通过它可以创建出无数个具体实例

    B. 类并不能直接使用，通过类创建出实例（又称对象）才能使用

    C. 类中的所有变量称为方法

    D. 类中的所有函数通常称为方法

【答案】 C

【难度】 中等

【解析】 类中的所有变量称为属性。

（5）下面关于类的描述中正确的是（   ）。

    A. 同属一个类的所有类属性和类方法，不需要要保持统一的缩进格式

    B. Python 不允许创建空类

    C. Python 类由类头（class 类名）和类体（统一缩进的变量和方法）构成

    D. 不可以用 pass 关键字作为类体

【答案】 C

【难度】 中等

【解析】 如果一个类没有任何类属性和类方法，那么可以直接用 pass 关键字作为类体。但在实际应用中，很少会创建空类，因为空类没有任何实际意义。同属一个类的所有属性和方法，要保持统一的缩进格式，通常统一缩进 4 个空格。

（6）下列属性中不属于面向对象程序设计语言的典型特征是（   ）。

    A. 封装   B. 多态   C. 继承   D. 隐藏

【答案】 D

【难度】 中等

【解析】 不只是 Python，大多数面向对象编程语言（诸如 C++、Java 等）都具备 3 个典型特征，即封装、继承和多态。

（7）下列描述中错误的是（   ）。

    A. 用同一个类可以生成多个对象

    B. 用同一个类只能生成一个对象

    C. Python 会自动绑定方法的第一个参数指向调用该方法的对象

    D. 程序中在调用实例方法和构造方法时，不需要手动为第一个参数传值

【答案】 B

【难度】 中等

【解析】 同一个类可以生成多个对象，当某个对象调用类的方法时，该对象会把自身的引用作为第一个参数自动传给该方法，换句话说，Python 会自动绑定类方法的第一个参数指向调用该方法的对象。如此，Python 解释器就能知道到底要操作哪个对象的方法了。

（8）在设计类时,刻意地将一些属性和方法隐藏在类的内部,这样在使用此类时,将无法直接以"对象名.属性名"（或者"对象名.方法名(参数)"）的形式调用这些属性（或方法）,而只能用未隐藏的类方法间接操作这些隐藏的属性和方法。这可以理解为面向对象程序设计的(　　)特性。

    A. 封装　　　　　　B. 重载　　　　　　C. 改写　　　　　　D. 调用

【答案】　A

【难度】　中等

【解析】　封装是指在设计类时,刻意将一些属性和方法隐藏在类的内部。

（9）定义类如下。

```
class Study :
    name ="学习 python"
    add ="http://c.online.net"
    def say(self,content):
        print(content)
```

代码中 name 和 add 属于(　　)。

    A. 类变量　　　　B. 类方法　　　　C. 类名　　　　D. 类的参数

【答案】　A

【难度】　中等

【解析】　类变量的特点是,所有类的实例都同时共享类变量,也就是说,类变量在所有实例化对象中是作为公共资源存在的。类方法的调用方式有 2 种,既可以使用类名直接调用,也可以使用类的实例化对象调用。

（10）对于 __init__()方法说法错误的是(　　)。

    A. 该方法是一个特殊的类实例方法

    B. 该方法称为构造方法

    C. 该方法称为析构方法

    D. 此方法的方法名中,开头和结尾各有 2 个下画线,且中间不能有空格

【答案】　C

【难度】　中等

【解析】　在创建类时,可以手动添加一个 __init__() 方法,该方法是一个特殊的类实例方法,称为构造方法。构造方法用于创建对象时使用,每当创建一个类的实例对象时,Python 解释器都会自动调用它。

2. 判断题

（1）当某个对象调用类的方法时,该对象会把自身的引用作为第一个参数自动传给该方法。(　　)

    A. 正确　　　　　　B. 错误

【答案】　A

【难度】　中等

【解析】　略。

（2）代码封装，其实就是隐藏实现功能的具体代码，仅留给用户使用的接口。（   ）

    A．正确   B．错误

【答案】 A

【难度】 中等

【解析】 代码封装，其目的就是隐藏实现功能的具体代码，仅留给用户使用的接口，就好像使用计算机，用户只需要使用键盘、鼠标就可以实现一些功能，而根本不需要知道其内部是如何工作的。

（3）和函数有所不同的是，类方法至少要包含一个 self 参数。（   ）

    A．正确   B．错误

【答案】 A

【难度】 中等

【解析】 略。

（4）Python 中定义类时使用 class 关键字实现。（   ）

    A．正确   B．错误

【答案】 A

【难度】 中等

【解析】 略。

（5）无论是类的属性还是类的方法，对于类来说，它们都不是必需的，可以有也可以没有。（   ）

    A．正确   B．错误

【答案】 A

【难度】 中等

【解析】 无论是类属性还是类方法，对于类来说，它们都不是必需的，可以有也可以没有。另外，Python 类中属性和方法所在的位置是任意的，即它们之间并没有固定的前后次序。

（6）类中定义属性和方法所在的位置是任意的，即它们之间并没有固定的前后次序。（   ）

    A．正确   B．错误

【答案】 A

【难度】 中等。

【解析】 略。

（7）和变量名一样，类名本质上就是一个标识符，因此在给类起名字时，必须让其符合 Python 的语法。（   ）

    A．正确   B．错误

【答案】 A

【难度】 中等

【解析】 和变量名一样，类名本质上就是一个标识符，因此在给类起名字时，必须让其符合 Python 的语法。用 a、b、c 作为类的类名从 Python 语法上讲是完全没有问题的，但作为一名合格的程序员,必须考虑程序的可读性。

(8) 类属性是指包含在类中的变量;而类方法是指包含在类中的函数。(　　)

　　　　A. 正确　　　　　　　B. 错误

【答案】　A

【难度】　中等

【解析】　类属性是指包含在类中的变量;而类方法是指包含在类中的函数。换句话说,类属性和类方法其实分别是包含在类中的变量和函数的别称。

(9) 同属一个类的所有类属性和类方法,要保持统一的缩进格式,通常统一缩进 4 个空格。(　　)

　　　　A. 正确　　　　　　　B. 错误

【答案】　A

【难度】　中等

【解析】　略。

(10) 封装机制保证了类内部数据结构的完整性。(　　)

　　　　A. 正确　　　　　　　B. 错误

【答案】　A

【难度】　中等

【解析】　封装机制保证了类内部数据结构的完整性,因为使用类的用户无法直接看到类中的数据结构,只能使用类允许公开的数据,很好地避免了外部对内部数据的影响,提高了程序的可维护性。

(11) 实现继承的类称为父类,被继承的类称为子类(也可称为基类、超类)。(　　)

　　　　A. 正确　　　　　　　B. 错误

【答案】　B

【难度】　中等

【解析】　Python 中,实现继承的类称为子类,被继承的类称为父类(也可称为基类、超类)。

(12) 给类起好名字之后,其后要跟有冒号。(　　)

　　　　A. 正确　　　　　　　B. 错误

【答案】　A

【难度】　中等

【解析】　给类起好名字之后,其后要跟有冒号(:),表示告诉 Python 解释器,下面要开始设计类的内部功能了,也就是编写类的属性和类的方法。

(13) 定义类时,如果没有手动添加 __init__() 构造方法,又或者添加的 __init__() 中仅有一个 self 参数,则创建类对象时的参数可以省略不写。(　　)

　　　　A. 正确　　　　　　　B. 错误

【答案】　A

【难度】　中等

【解析】　略。

3. 简答题

（1）Python 中的类和对象是什么？

面向对象程序设计有两个非常重要的概念：类和对象。

为了将具有共同特征和行为的一组对象抽象定义，提出了另外一个新的概念——类。

① 类是对象的模板，例如，人类，是人这种生物的模板。

② 类是一个抽象的概念，也是一类事物的合集。

例如，人类、汽车类、鸟类，都是多个具有相同特征事物的合集概念。

对象的概念：万事万物皆对象，对象是具体事物，具有唯一性。例如，周杰伦、地球、老王的宝马车、小李的泰迪犬。

（2）面向对象三大特性各有什么用处？说说你的理解。

继承：解决代码复用问题。

多态：多态性，可以在不考虑对象类型的情况下直接使用对象。

封装：明确地区分内外，控制外部对隐藏属性的操作行为，隔离复杂度。

（3）定义一个表示学生信息的类 Student，要求如下。

① 类 Student 的成员变量：no 表示学号；name 表示姓名；sex 表示性别；age 表示年龄；python 表示 Python 课程成绩。

② 类 Student 的方法成员：getNo()表示获得学号；getName()表示获得姓名；getSex()表示获得性别；getAge()表示获得年龄；getPython()表示获得 Python 课程成绩。

③ 根据类 Student 的定义，创建 5 个该类的对象，输出每个学生的信息，计算并输出这 5 个学生的 Python 语言成绩的平均值以及计算并输出他们的 Python 语言成绩的最大值和最小值。

```python
class Student():
    def __init__(self,no,name,sex,age,python):
        self.no=no
        self.name=name
        self.sex=sex
        self.age=age
        self.python=python
    def getNo(self):
        return self.no
    def getName(self):
        return self.name
    def getSex(self):
        return self.sex
    def getAge(self):
        return self.age
    def getJava(self):
        return self.__python
    def mess(self):
```

```
        print('学号: ',self.no,'姓名: ',self.name,'性别: ',self.sex,'年龄: ',
        self.age,'Python 成绩: ',self.python)
list1=[]
sum=0
s1=Student('001','张三','男',18,100)
s1.mess()
list1.append(s1.python)
s2=Student('002','李慧','男',19,93)
s2.mess()
list1.append(s2.python)
s3=Student('003','王强','男',18,95)
s3.mess()
list1.append(s3.python)
s4=Student('004','赵娜','女',19,90)
s4.mess()
list1.append(s4.python)
s5=Student('005','孙小果','女',18,98)
s5.mess()
list1.append(s5.python)
print(list1)
print('最高分是: ',max(list1))
print('最低分是: ',min(list1))
for i in list1:
    sum=sum+i
print('平均成绩是: ',sum/5)
```

第 7 章

文件与目录操作

学习目标

(1) 掌握文件的打开与关闭操作。

(2) 掌握文件读取的相关方法。

(3) 掌握文件写入的相关方法。

(4) 熟悉文件的复制与重命名。

(5) 了解文件夹的创建、删除等操作。

(6) 掌握与文件路径相关的操作。

(7) 掌握与文件目录相关的操作。

程序中使用变量保存运行时产生的临时数据,但当程序结束后,所存储的数据也会随之消失,那么,有没有一种方法能够持久保存程序中的数据呢? 答案是肯定的。计算机中的文件能够持久保存程序运行时产生的数据。用于保存数据的文件可能存储在不同的位置,在操作文件时,需要准确地找出文件的位置,也就是文件的路径。本章将对文件的常规操作,包括打开、关闭、写入、读取、获取路径、文件目录的创建、删除等进行介绍。

7.1 了解文件的概念与分类

7.1.1 了解文件的概念

程序中定义的变量和其他容器等只能临时有效,即只会在程序运行时起作用,如果程序结束,就不能再找回它们。显然人们是不希望这样的,而是希望可以将这些数据永久保存,那么就需要将它们存储成文件。文件可以存放在外部存储器中,保存成了文件,也就相当于将这些数据永久地保存在了这些硬件设备上,便于人们后续对它们进行处理。

所以,文件可以定义为在计算机程序中数据的永久存在形式,也可以理解为是一组相关数据的有序集合。对一个文件的操作流程往往遵循三个步骤:输入→处理→输出。很明显对文件的处理需要花费更多的时间。

7.1.2 文件的分类

从程序编译的角度来看,文件可以分为源程序文件、可执行文件、数据文件、库文件等。源程序文件就是自己写的.py 文件,编写源程序文件是人们花费时间最长的工作。可执行文件是指可以在计算机上直接运行的.exe 文件,Python 中可以使用第三方库将.py 文件转换成.exe 文件。数据文件是外部文件,往往是源程序在执行过程中需要处理数据的文件。库文件就是源程序文件在编写时需要导入的标准库或第三方库模块。

从用户的角度来看,文件简单地分为普通文件和设备文件。普通文件就是存储设备上存储数据的文件,如文本文件、图片文件、音视频文件等。设备文件是与主机相连的各种外部设备,如鼠标、显示器、键盘等。之所以如此分类,也是由于操作系统在调度时,会将这些外部设备看成是一个文件来处理,比如显示器就属于标准输出文件。人们平时从显示器屏幕上看到的相关信息就相当于这个标准输出文件输出。同理,键盘就是标准输入文件,和 input()函数同类,键盘输入就是从标准输入文件中读入数据。

从文件中数据的组织形式来看,可以把文件分为文本文件和二进制文件两类。文本文件存储的是常规字符串,由若干文本行组成,通常每行以换行符\n 结尾。常规字符串是指记事本或其他文本编辑器能正常显示、编辑并且人类能够直接阅读和理解的字符串,如英文字母、汉字、数字字符串。文本文件可以使用字处理软件如 gedit、记事本进行编辑。二进制文件把对象内容以字节串进行存储,无法用记事本或其他普通字处理软件直接进行编辑,通常也无法被人类直接阅读和理解,需要使用专门的软件进行解码后读取、显示、修改或执行。常见的文件有图形图像文件、音视频文件、可执行文件、资源文件、各种数据库文件、各类 Office 文档等都属于二进制文件。

7.2　文件的基础操作

和其他编程语言一样,Python 也具有操作文件的能力,比如打开文件、读取和追加数据、插入和删除数据、关闭文件、删除文件等。

7.2.1　文件的打开和关闭

要将数据写入文件中,需要先打开文件;数据写入完成后,需要将文件关闭以释放计算机内存。Python 内置了一个 open()方法,用于对文件进行读写操作。

下面对文件的打开与关闭操作进行介绍。

Python 内置的 open()函数用于打开文件,该函数调用成功会返回一个文件对象,open()函数的语法格式如下。

```
file =open(file_name [, mode='r' [, buffering=-1 [, encoding =None ]]])
```

此格式中,用 [] 括起来的部分为可选参数,既可以使用也可以省略。其中,各个参数所代表的含义如下。

(1) file：表示要创建的文件对象。

(2) file_name：要创建或打开文件的文件名称,该名称要用引号(单引号或双引号都可以)括起来。需要注意的是,如果要打开的文件和当前执行的代码文件位于同一文件夹,则直接写文件名即可;否则,此参数需要指定打开文件所在的完整路径。

（3）mode：可选参数，用于指定文件的打开模式。其常用模式有 r、w、a、b、＋，这些模式的含义分别如下。

① r：以只读的方式打开文件，默认值。

② w：以只写的方式打开文件。

③ a：以追加的方式打开文件。

④ b：以二进制方式打开文件。

⑤ ＋：以更新的方式打开文件。

如果省略，则默认以只读（r）模式打开文件，以上模式可以单独使用，也可以搭配使用，常用的文件打开模式及其搭配如表 7.1 所示。

表 7.1   常用的文件打开模式及其搭配

打开模式	名　　称	描　　述
r/rb	只读模式	以只读的形式打开文本文件/二进制文件，若文件不存在或无法找到，open()函数将调用失败
w/wb	只写模式	以只写的形式打开文本文件/二进制文件，若文件已存在，则重写文件，否则创建文件
a/ab	追加模式	以只写的形式打开文本文件/二进制文件，只允许在该文件末尾追加数据，若文件不存在，则创建新文件
r＋/rb＋	读取（更新）模式	以读/写方式打开文本文件/二进制文件，若文件不存在，则文件打开失败
w＋/wb＋	写入（更新）模式	以读/写方式打开文本文件/二进制文件，若文件已存在，则重写文件
a＋/ab＋	追加（更新）模式	以读/写方式打开文本文件/二进制文件，只允许在文件末尾追加数据若文件不存在，则创建新文件

（4）buffering：可选参数，用于指定对文件进行读/写操作时是否使用缓冲区。如果 buffering 的值被设为 0，就不会缓存。如果将 buffering 的值设置为 1，则访问文件时会进行缓存。如果将 buffering 的值设置为大于 1 的整数，则表示缓存区的大小。如果取负值，缓存区的大小则为系统默认值。

（5）encoding：指定对文本进行编码和解码的方式，只适用于文本模式，可以使用 Python 支持的任何格式，如 GBK、utf8、CP936 等。

文件打开模式直接决定了后续可以对文件做哪些操作。例如，使用 r 模式打开的文件，后续编写的代码只能读取文件，而无法修改文件内容。

在程序文件同一文件夹下，手动创建一个 test_file.txt 文件，其中内容如图 7.1 所示。

```
E:\python\venv\Scripts\python.exe E:/python/main.py
Traceback (most recent call last):
  File "E:\python\main.py", line 1, in <module>
    test_data = open('test_file.txt','r')
FileNotFoundError: [Errno 2] No such file or directory: 'test_file.txt'

Process finished with exit code 1
```

图 7.1   open()方法抛出 IOError 错误

【例 7-1】 以只读的方式打开文件 test_file.txt,代码如下。

```
test_data =open('test_file.txt','r')          #使用 open()方法以只读方式打开文件
```

如果读取的文件不存在,或者在当前的工作路径下找不到要读取的文件,open()方法就会抛出一个 IOError 错误,如图 7.1 所示。

如果文件存在,则以下代码的运行结果如图 7.2 所示。

```
test_data =open('test_file.txt','r')
print(test_data)
```

```
E:\python\venv\Scripts\python.exe E:/python/main.py
<_io.TextIOWrapper name='test_file.txt' mode='r' encoding='cp936'>

Process finished with exit code 0
```

图 7.2　open()方法打开文件运行结果

可以看到,当前输出结果中,输出了 file 文件对象的相关信息,包括打开文件的名称、打开模式、打开文件时所使用的编码格式。使用 open()打开文件时,默认采用 GBK 编码。但当要打开的文件不是 GBK 编码格式时,可以在使用 open()方法时,手动指定打开文件的编码格式,例如:

```
test_data =open('test_file.txt',encoding="utf-8")
```

注意:手动修改 encoding 参数的值仅限于文件以文本的形式打开,也就是说,以二进制格式打开时,不能对 encoding 参数的值做任何修改,否则程序会抛出 ValueError 异常。

成功打开文件之后,可以调用文件对象本身拥有的属性获取当前文件的部分信息,其常见的属性如下。

(1) file.name:返回文件的名称。

(2) file.mode:返回打开文件时采用的文件打开模式。

(3) file.encoding:返回打开文件时使用的编码格式。

(4) file.closed:判断文件是否已经关闭。

【例 7-2】 获取当前文件的部分信息,代码如下。

```
01  f =open('test_file.txt')          #以默认方式打开文件
02  print(f.closed)                    #输出文件是否已经关闭
03  print(f.mode)                      #输出访问模式
04  print(f.encoding)                  #输出编码格式
05  print(f.name)                      #输出文件名
```

例 7-2 的运行结果如图 7.3 所示。

注意:对使用 open()方法打开的文件对象必须手动进行关闭,Python 垃圾回收机制无法自动回收打开文件所占用的资源。

对于使用 open()方法打开的文件,可以用 close()方法将其手动关闭。其语法格式也

```
E:\python\venv\Scripts\python.exe E:/python/main.py
False
r
cp936
test_file.txt

Process finished with exit code 0
```

图 7.3　获取当前文件的部分信息

很简单，如下所示。

```
file.close()
```

其中，file 表示已打开的文件对象。关闭后的文件不能再进行读写操作，否则会导致 ValueError 错误。close()方法允许调用多次。当 file 对象被引用到操作另外一个文件时，Python 会自动关闭之前的 file 对象。由于文件读写时都有可能产生 IOError，一旦出错，后面的 f.close()就不会调用。所以，为了保证无论是否出错都能正确地关闭文件，可以使用 try-finally 来实现。

【例 7-3】　利用 try-finally 来实现关闭文件，代码如下。

```
01  try:
02      f = open('test_file.txt', 'r')
03      print(f.read())
04  finally:
05      if f:
06          f.close()
```

但是每次都这么写实在太烦琐，所以，Python 引入了 with 语句来自动调用 close()方法，例如：

```
01  with open('test_file.txt', 'r') as f:
02      print(f.read())
```

这和前面的 try-finally 是一样的，但是代码更加简洁，并且不必调用 f.close()方法。以上示例中 as 后的变量 f 用于接收 with 语句打开的文件对象，程序中无须再调用 close()方法关闭文件，文件对象使用完成后，with 语句会自动关闭文件。

7.2.2　文件的读取

Python 读取文本文件的内容有三类方法。

（1）read()方法：逐字节或者字符读取文件中的内容。

（2）readline()方法：逐行读取文件中的内容。

（3）readlines()方法：一次性读取文件中多行内容。

具体介绍如下。

1. read()方法

对于使用 open()方法并以可读模式（包括 r、r＋、rb、rb＋）打开的文件，可以调用 read()方法逐字节（或者逐字符）读取文件中的内容。其语法格式如下。

```
file.read([n|-1])
```

以上格式中的参数 n 为读取数据的字节数,若未提供或设置为 −1,则一次读取并返回文件中从当前位置到文件尾的所有数据。

【例 7-4】 以文件 test_file.txt 为例,读取该文件中指定长度的数据,示例代码如下。

```
01  with open('test_file.txt','r') as f:
02      print(f.read(2))        #读取 2 个字节的数据
03      print(f.read())         #读取剩余的全部数据
```

假设 test_file.txt 文件中的内容如下。

```
The longest journey begins with the first step.
Knowledge is a measure, but practise is the key to it.
```

运行程序,结果如图 7.4 所示。

```
E:\python\venv\Scripts\python.exe E:/python/read.py
Th
e longest journey begins with the first step
Knowledge is a measure, but practise is the key to it.


Process finished with exit code 0
```

图 7.4 读取文件中指定长度的数据

2. readline()方法

readline()方法可以从指定文件中读取一行数据,包含最后的换行符\n。通常用于将读取的一行内容存储到一个字符串变量中,其语法格式如下。

```
file.readline([size])
```

其中,file 为打开的文件对象;size 为可选参数,用于指定一行中一次最多读取的字符(字节)数。

和 read()方法一样,此方法成功读取数据的前提是,使用 open()方法打开文件时,模式必须为可读(包括 r、rb、r+、rb+)。

【例 7-5】 以 test_file.txt 文件为例,使用 readline()方法读取该文件,代码如下。

```
01  with open ('test_file.txt', 'r') as f:
02      txt=f.readline()
03  print(txt)
04  print(type(txt))
```

运行程序,结果如图 7.5 所示。

由于 readline()方法在读取文件中一行的内容时,会读取最后的换行符\n,再加上用 print()输出内容时默认会换行,所以输出结果中会看到多出了一个空行。

3. readlines()方法

readlines()方法可以一次性读取文件中的多行数据,它和调用不指定 size 参数的

```
E:\python\venv\Scripts\python.exe E:/python/read.py
The longest journey begins with the first step

<class 'str'>

Process finished with exit code 0
```

图 7.5　用 readline() 方法读取一行数据

read() 方法类似,若读取成功,则返回一个列表,文件中的每一行对应列表中的一个元素。
readlines() 方法的语法格式如下。

```
file.readlines()
```

其中,file 为打开的文件对象。和 read()、readline() 方法一样,它要求文件的打开模式必
须为可读模式(包括 r、rb、r+、rb+)。

【例 7-6】　以 test_file.txt 文件为例,使用 readlines() 方法读取该文件,代码如下。

```
01  with open('test_file.txt','r') as f:
02      txt=f.readlines()          #使用 readlines() 方法读取数据
03  print(txt)
```

运行程序,结果如图 7.6 所示。

```
E:\python\venv\Scripts\python.exe E:/python/read.py
['The longest journey begins with the first step\n', 'Knowledge is a measure, but practise is the key to it.\n']

Process finished with exit code 0
```

图 7.6　用 readlines() 方法读取文件中的数据

注意:以上介绍的 3 个方法中,read()(参数省略时)和 readlines() 方法都可以一次读
取文件中的全部数据,但因为计算机的内存是有限的,若文件较大,read() 和 readlines()
的一次读取可能会耗尽系统内存,所以这两种操作都不够安全。为了保证读取安全,通常
多次调用 read() 方法,每次读取一字节的数据。另外,调用 readline() 可以每次读取一行
内容,调用 readlines() 一次读取所有内容并按行返回 list。因此,要根据需要决定怎么
调用。

7.2.3　文件的写入

Python 中的文件对象提供了 write() 方法和 writelines() 方法,可以向文件中写入指
定内容。下面分别来介绍它们的用法。

1. write() 方法

write() 方法可以将指定字符串写入文件,其语法格式如下。

```
file.write(string)
```

其中,file 表示已经打开的文件对象;string 表示要写入文件的字符串(或字节串,仅适用
写入二进制文件中),若数据写入成功,该方法会返回本次写入文件的数据的字节数。

提示：在使用 write() 方法向文件中写入数据时，需保证使用 open() 方法是以 r＋、w、w＋、a 或 a＋ 的模式打开文件，否则执行 write() 方法会抛出 UnsupportedOperation 异常。

【例 7-7】　向文件中写入内容。

下面创建一个新文件 data.txt，该文件内容如下。

成功的法则极为简单；

然后，在 data.txt 文件所在的文件夹中创建一个 Python 文件，代码如下。

```
01  f =open("data.txt", 'w')
02  f.write("但简单并不代表容易。")
03  f.close()
```

同样，可以使用 with 语句实现上述文件的安全写入功能，代码如下。

```
01  with open('data.txt','w') as f:
02      f.write("但简单并不代表容易。")
```

如果打开文件模式中包含 w(写入)，那么向文件中写入内容时，会先清空原文件中的内容，然后写入新的内容。因此运行上面程序，再次打开 data.txt 文件，只会看到新写入的内容。

但简单并不代表容易。

而如果打开文件模式中包含 a(追加)，则不会清空原有内容，而是将新写入的内容添加到原内容后边。例如，还原 data.txt 文件中的内容后，修改例 7-7 的代码。

```
01  f =open("data.txt", 'a')
02  f.write("\n但简单并不代表容易"。)
03  f.close()
```

再次打开 data.txt，可以看到如下内容。

成功的法则极为简单；
但简单并不代表容易。

因此，采用不同的文件打开模式，会直接影响 write() 方法向文件中写入数据的效果，需要注意的是，如果要写入的文件不存在，那么 open() 方法将会自动创建文件。

提示：在写入文件完成后，一定要调用 close() 方法将打开的文件关闭，否则写入的内容不会保存到文件中。例如，将上面程序中最后一行 f.close() 删掉，再次运行此程序并打开 data.txt，会发现该文件是空的。这是因为在写入文件内容时，操作系统不会立刻把数据写入磁盘，而是先缓存起来，只有调用 close() 方法时，操作系统才会把没有写入的数据全部写入磁盘文件。

2. writelines() 方法

Python 的文件对象不仅提供了 write() 方法，还提供了 writelines() 方法，可以实现将字符串列表写入文件。需要注意的是，写入方法只有 write() 和 writelines()，而没有名为 writeline 的方法。

writelines() 方法用于向文件中写入一序列的字符串。这一序列字符串可以是由可遍历对象产生的,如一个字符串列表。若需换行需要指定换行符 \n。其语法格式如下。

```
file.writelines(iterable)
```

其中,file 表示已经打开的文件对象;iterable 是可遍历对象(如字符串、列表、元组、字典),该方法没有返回值。

提示:writelines() 传入的必须是字符序列,不能是数字序列。传入字符序列时,如果需要换行,则每个序列元素末尾需要有\n 换行符才能达到要求。

【例 7-8】 向文件 testfile2.txt 中写入数据。

创建一个新的空白文件 testfile2.txt,然后编写如下代码。

```
01  f=open("testfile2.txt",'w')
02  f.writelines(['love\n','python\n','love Python\n'])    #向文件中写入 3 行数据
03  f.close()
```

运行程序,若没有输出信息,说明数据被成功地写入文件,此时打开 testfile2.txt 文件,可以在其中看到写入的字符串,程序运行结果如图 7.7 所示。

也可以利用 with 语句安全写入文件,下面的代码同样实现上面的效果。

```
01  with open('testfile2.txt','w') as f:
02      f.writelines(['love\n','python\n','love python\n'])
```

若列表中字符串的末尾没有换行符,则相当于写入了一行数据,代码如下。

```
01  f=open("testfile2.txt",'w')
02  f.writelines(['love','python','love python'])
03  f.close()
```

程序运行结果如图 7.8 所示。

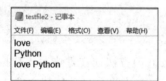

图 7.7   writelines() 方法向文件中
写入内容

图 7.8   writelines() 方法向文件中
写入没有换行符的内容

writelines() 方法的参数也可以是一个字符串,用法跟 write() 方法类似。

```
01  f=open("testfile2.txt",'w')
02  f.writelines('love\npython\nlove python\n')
03  f.close()
```

以上程序的运行结果参考图 7.7。

7.2.4　设置工作路径

在日常工作中,有时候需要打开不在程序文件所属文件夹中的文件,那么在程序里就需要提供文件所在路径,让 Python 到系统特定位置去查找并读取相应文件内容。假如文件 text.txt 存储在文件夹 text_file 中,而正在运行的 Python 程序存储在文件夹 Python 中。

1. 相对路径

相对路径是指文件相对于当前工作文件夹所在的位置。例如,当前工作文件夹为 "C:\Windows\System32",若文件 demo.txt 就位于 System32 文件夹下,则 demo.txt 的相对路径表示为".\demo.txt"(其中 .\表示当前所在目录)。在使用相对路径表示某文件所在的位置时,除了经常使用 .\ 表示当前所在目录之外,还会用到 ..\ 表示当前所在文件夹的父文件夹。

如果文件夹 text_file 是文件夹 Python 的子文件夹,即文件夹 text_file 在文件夹 Python 中,那么需要提供相对文件路径让 Python 到指定位置查找文件,而该位置是相对于当前运行的程序所在的目录而言的,即相对文件路径,代码如下。

```
01  with open('text_file/text.txt','r') as f:
02      print(f.read())
```

2. 绝对路径

绝对路径总是从根文件夹开始,Windows 系统中以盘符(C:、D:)作为根文件夹,而 Max OS 或者 Linux 系统中以/作为根文件夹。

如果将文件夹 text_file 放置到桌面,与文件夹 Python 没有关系,那么需要提供完整准确的存储位置(即绝对路径)给程序,不需要考虑当前运行的程序存储在什么位置,代码如下。

```
01  with open(r'C:\Users\gl\Desktop\text_file\text.txt','r') as f:
02      print(f.read())
```

在绝对路径前面加了 r,这是因为在 Windows 系统下,读取文件可以用反斜杠,但是在字符串中反斜杠被当作转义字符来使用,文件路径可能会被转义,所以需要在绝对文件路径前添加字符 r,显式声明字符串不用转义。如果不加 r,就会出现以下错误。

```
SyntaxError: (unicode error) 'unicodeescape' codec can't decode bytes in
position 2-3: truncated \UXXXXXXXX escape。
```

也可以采用双反斜杠(\\)的方式表示路径,此时不需要声明字符串,代码如下。

```
01  with open('C:\\Users\\gl\\Desktop\\text_file\\text.txt','r')as f:
02      print(f.read())
```

当然也可以使用 Linux 路径表示方法,即使用正斜杠(/),该方法也不需要声明字符串,在 Linux 及 Windows 操作系统下均可使用,代码如下。

```
01   with open('C:/Users/gl/Desktop/text_file/text.txt','r')as f:
02      print(f.read())
```

提示：在打开文件时，如果文件中有中文，但是结果错误，如图 7.9 所示。

```
E:\python\venv\Scripts\python.exe E:/python/write3.py
Traceback (most recent call last):
  File "E:\python\write3.py", line 10, in <module>
    print(f.read())
UnicodeDecodeError: 'gbk' codec can't decode byte 0xaf in position 8: incomplete multibyte sequence

Process finished with exit code 1
```

图 7.9   读取文件出现 UnicodeDecodeError 错误

该错误提示的是 Unicode 解码错误：“‘gbk’编解码器无法解码位置 8 中的字节 0xab：非法多字节序列”，该问题的解决方法就是在 open 的后面加上 encoding＝"UTF-8"。

```
01   with open('text_file\\text.txt','r',encoding="UTF-8") as f:
02      print(f.read())
```

7.3   文件与文件夹管理

在 Linux 中，操作系统提供了很多命令（例如，ls、cd）用于文件和文件夹管理。在 Python 中，有一个 os 模块，也提供了许多便利的方法来管理文件和文件夹。

Python 中的 os(operation system)模块是进行系统操作的模块。os 模块是一个功能非常强大的模块，其中包含了检验权限、权限操作、管理目录、管理文件、文件读写、设备管理、链接管理等等功能。

1. 创建文件夹和删除文件夹

在 Python 中可以使用 os.mkdir()方法创建文件夹。创建文件夹时可以使用相对或者绝对路径。如果文件夹有多级，则创建最后一级。如果最后一级文件夹的上级文件夹不存在，则会抛出 OSError 异常。其语法格式如下。

```
os.mkdir(path)
```

其中，path 表示要创建的文件夹的路径。以下的代码将在 E:\book 文件夹下创建 temp 文件夹。

```
01   import os
02   os.mkdir('E:\\book\\temp')
```

经以上操作后，默认路径下会新建文件夹 temp。需要注意的是，待创建的文件夹不能与已有的文件夹重名，否则将创建失败。

在 Python 中可以使用 os.rmdir()方法删除指定路径的文件夹，其语法格式如下。

```
os.rmdir(path)
```

其中,path 表示要删除的文件夹的路径。以下的代码将删除 E:\book\temp 文件夹。

```
01  import os
02  os.rmdir('E:\\book\\temp')
```

在 Python 中可以使用 os.path.isdir()方法判断某一路径是否为文件夹。其语法格式如下。

```
os.path.isdir(path)
```

其中,path 是要进行判断的路径。以下代码判断 E:\book\temp 是否为文件夹。

```
01  import os
02  os.path.isdir('E:\\book\\temp')
```

返回结果是 True,表示 E:\book\temp 是文件夹。

2. 获取当前文件夹

os 模块中的 getcwd()方法用于获取当前文件夹,调用该方法可获取当前工作文件夹的绝对路径。示例代码如下。

```
print(os.getcwd())
```

运行代码,结果为 E:\python(实际路径以程序所在路径为准,此处仅为示例)。

3. 更改默认文件夹

os 模块中的 chdir()方法用于更改默认文件夹。若在对文件或文件夹进行操作时传入的是文件名而非路径名,Python 解释器会从默认文件夹中查找指定文件,或将新建的文件放在默认文件夹下。若没有特别设置,当前文件夹即为默认文件夹。

使用 chdir()方法更改默认文件夹为"D:",再次使用 getcwd()方法获取当前文件夹,示例代码如下。

```
os.chdir('D:\\')          #更改默认文件夹为 D:\
print(os.getcwd())        #获取当前工作文件夹
```

运行代码,结果如下。

```
D:\
```

4. 获取文件名列表

实际应用中常常需要先获取指定文件夹下的所有文件,再对目标文件进行相应操作。os 模块中提供了 listdir()方法,使用该方法可快捷地获取指定文件夹下所有文件的文件名列表。示例代码如下。

```
01  dirs=os.listdir('./')        #获取文件名列表
02  print(dirs)                  #打印获取到的文件名列表
```

运行结果如下(实际结果以文件夹结构为准,此处仅为示例)。

```
['.idea', 'data.txt', 'main.py', 'read.py', 'test.py', 'test2.py']
```

5. 删除文件

os.remove()方法用于删除指定路径的文件。如果指定的路径是一个文件夹,将抛出 OSError 异常。remove()方法的语法格式如下。

```
os.remove(file)
```

参数 file 表示要删除的文件。该方法没有返回值。例如,调用 remove()方法删除文件 a.text 的代码如下。

```
01  import os
02  os.remove("a.txt")
```

执行此程序,如果当前工作文件夹中存在 a.txt 文件,则会将其删除;反之,将抛出 FileNotFoundError 异常,如图 7.10 所示。

```
E:\python\venv\Scripts\python.exe E:/python/write3.py
Traceback (most recent call last):
  File "E:\python\write3.py", line 17, in <module>
    os.remove("a.txt")
FileNotFoundError: [WinError 2] 系统找不到指定的文件。: 'a.txt'
```

图 7.10　FileNotFoundError 异常

6. 文件重命名

os 模块提供了重命名文件和文件夹的方法 rename()。如果指定的参数是文件,则重命名文件;反之,如果执行的路径是文件夹,则重命名文件夹。rename()方法的基本语法格式如下。

```
os.rename(oldname,newname)
```

其中,oldname 参数用于指定要进行重命名的文件夹或文件;newname 参数用于指定重命名后的文件夹或文件。

例如,将 a.txt 文件(完整路径为 D:\demo\a.txt)重命名为 b.txt 文件,可以执行如下代码。

```
01  import os
02  os.rename("D:\\demo\\a.txt","D:\\demo\\b.txt")
```

通过执行以上代码,即可将 D:\demo、a.txt 文件重命名为 b.txt。但是,如果 rename()方法找不到目标文件或文件夹,将会抛出 FileNotFoundError 异常。

7.4　文件的定位读取

在文件的一次打开与关闭之间进行的读/写操作都是连续的,程序总是从上次读/写的位置继续向下进行读/写操作。实际上,每个文件对象都有一个称为"文件读/写位置"的属性,该属性用于记录文件当前读/写的位置。

Python 中用于获取文件读/写位置以及修改文件读/写位置的方法是 tell()与 seek()。

下面对这两个方法的使用进行介绍。

1. tell（）方法

tell()方法返回文件的当前位置，即文件指针当前位置。其语法格式如下。

```
file.tell()
```

【例 7-9】 以文件 test_file.txt 中的内容为例，文本内容如下。

```
The longest journey begins with the first step,
Knowledge is a measure, but practise is the key to it.
```

使用 tell()方法获取当前文件读取的位置，代码如下。

```
01   file =open('test_file.txt','r',encoding='utf-8')
02   print(file.read(5))          #读取 5 个字节
03   print(file.tell())           #输出文件读取位置
```

上述代码使用 read()方法读取 5 个字节的数据，然后通过 tell()方法查看当前文件的读/写位置。程序运行结果如图 7.11 所示。

```
E:\python\venv\Scripts\python.exe E:/python/tell.py
The l
5

Process finished with exit code 0
```

图 7.11　tell()方法查看当前文件的读/写位置

2. seek（）方法

seek()方法用于设置当前文件读/写位置，其语法格式如下。

```
file.seek(offset[, whence])
```

参数 offset 表示偏移量，即读/写位置需要移动的字节数；参数 whence 用于指定文件的读/写位置，该参数的取值有 0、1、2，它们代表的含义分别如下。

（1）0：表示在开始位置读/写（默认值）。

（2）1：表示在当前位置读/写。

（3）2：表示在末尾位置读/写。

【例 7-10】 以读取文件 test_file.txt 的内容为例，使用 seek()方法修改读/写位置，代码如下。

```
01   file =open('test_file.txt', mode='r',encoding='utf-8')
02   file.seek(5,0)
03   print(file.read())
04   file.close()
```

上述代码使用 seek()方法将文件读取位置移动至开始位置偏移 5 个字节，并使用read()方法读取 test_file.txt 中的数据。程序运行结果如图 7.12 所示。

在读/写的过程中，如果想知道当前的位置，可以使用 tell()来获取，seek()方法用于

```
E:\python\venv\Scripts\python.exe E:/python/tell.py
ongest journey begins with the first step,
Knowledge is a measure, but practise is the key to it.

Process finished with exit code 0
```

图 7.12   seek()方法移动文件读取位置

移动文件读取指针到指定位置,括号内的参数只有一个时,会默认为是偏移数量 offset 的值,而 whence 值不设置时默认为 0。

7.5   项目训练

1. 文本文件内容排序

假设文件 datat.txt 中有若干整数,每行有一个整数,编写程序读取所有整数,将其按降序排序后再写入文本文件 datat_desc.txt 中。参考代码如下。

```
01   with open('datat.txt', 'r') as f:
02       data = f.readlines()                    #读取所有行,存入列表
03   data = [int(item) for item in data]        #列表推导式,将列表的值转换为数值
04   data.sort(reverse=True)                     #降序排序
05   data = [str(item)+'\n' for item in data]
06   #将结果转换为字符串,write()方法用于将指定字符串写入文件,所以需要进行转换
07   #data.sort(key=int, reverse=True)
08   #或者采用 07 行的代码,使用 data.sort()方法来排序,此时 data 本身将被修改。
09   #reverse=True 表示降序,key 参数来指定一个函数,此函数将在每个元素比较前被调用
10   with open('datat_desc.txt', 'w') as f:      #将结果写入文件
11       f.writelines(data)
```

程序运行结果如图 7.13 所示,图 7.13(a)为 datat.txt 文件的内容,图 7.13(b)为排序后的文件 datat_desc.txt 的内容。

(a) 排序前   (b) 排序后

图 7.13   排序前后文件内容对比

2. 模拟录入学生入学信息

模拟录入学生入学基本信息,如从键盘先录入两位学生的基本信息(学号、姓名、年龄、专业),将信息存入 Excel 表格中。首先创建存储学生信息的表格,并命名为"学生基

本信息.xlsx"。参考代码如下。

```
01  title=["学号","姓名","年龄","专业"]
02  total =2
03  with open("学生基本信息.xlsx","w") as f:          #写入标题行
04      for item in title:
05          f.write(item+"\t")
06      else:
07          f.write("\n")                          #输入数据行
08      for i in range(total):
09          f.write(input("学号: ")+"\t")
10          f.write(input("姓名: ")+"\t")
11          f.write(input("年龄: ")+"\t")
12          f.write(input("专业: ")+"\n")
```

程序运行结果如图 7.14 所示。图 7.14(a)为运行输入内容,图 7.14(b)为表格写入内容。

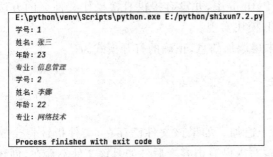

(a) 运行输入内容   (b) 表格写入内容

图 7.14 模拟录入学生信息

7.6 本章小结

本章主要讲解了 Python 中文件和路径的操作,包括文件的打开和关闭、文件的读/写、文件的重命名、文件的定位读取等。通过本章的学习,读者应具备文件与路径操作的基础知识,能在实际开发中熟练操作文件。

习题 7

1. 单项选择题

(1) (   )不是 Python 中对文件的读取操作方法。

　　A. read( )   B. readall( )   C. readlines( )   D. readline( )

【答案】 B

【难度】 中等

【解析】 Python 文件对象提供了三个"读"方法：read( )、readline( )和 readlines( )。

每种方法可以接受一个变量以限制每次读取的数据量。

(2) 在读/写文件之前,必须通过(   )方法创建文件对象。

    A. create()   B. folder()   C. file()   D. open()

【答案】 D

【难度】 中等

【解析】 open()方法用于打开一个文件,并返回文件对象,在对文件进行处理的过程都需要使用到这个方法,如果该文件无法被打开,会抛出 OSError 异常。

(3) Python 并没有提供直接操作文件夹的方法或对象,而是使用(   )实现。

    A. sys 模块   B. sys.path 模块

    C. 第三方模块   D. os 模块和 os.path 模块

【答案】 D

【难度】 中等

【解析】 文件夹用于分层保存文件。通过文件夹可以分门别类地存放文件。也可以通过文件夹快速找到想要的文件,在 Python 中,并没有提供直接操作文件夹的方法或对象,而是需要使用内置的 os 和 os.path 模块实现。

(4) 打开一个已有文件,在文件末尾添加信息,正确的打开模式为(   )。

    A. r   B. w   C. a   D. w+

【答案】 C

【难度】 中等

【解析】 a 表示打开一个文件用于追加。如果该文件已存在,文件指针将会放在文件的结尾。也就是说,新的内容将会被写入已有内容之后。如果该文件不存在,创建新文件进行写入。

(5) 假设文件不存在,如果使用open()方法打开文件会报错,那么该文件的打开模式是(   )。

    A. r   B. w   C. a   D. w+

【答案】 A

【难度】 中等

【解析】 以只读方式打开文件。文件的指针将会放在文件的开头。这是默认模式。

(6) 假设 file 是文本文件对象,(   )方法可读取 file 的一行内容。

    A. file.read()   B. file.read(200)

    C. file.readline()   D. file.readlines()

【答案】 C

【难度】 中等

【解析】 readline()每次只读取一行,通常比 readlines()慢得多。通常当没有足够内存可以一次读取整个文件时,才使用 readline()。

(7) (   )方法用于向文件中写入数据。

    A. open()   B. write()   C. close()   D. read()

【答案】 B

【难度】　中等

【解析】　Python 文件对象提供了两个写文件的方法：write()和 writelines()。

(8) 下列方法中,用于获取当前目录的是(　　)。

  A. open()   B. write()   C. getcwd()   D. read()

【答案】　C

【难度】　中等

【解析】　os.getcwd()方法用于获取当前工作路径。在这里是绝对路径。

(9) 下列代码要打开的文件应该位于(　　)。

```
f =open('itheima.txt', 'w')
```

  A. C 盘根目录   B. D 盘根目录

  C. Python 安装目录   D. 与源文件在相同的目录下

【答案】　D

【难度】　中等

【解析】　略。

(10) 若文本文件 abc.txt 中的内容如下:

```
abcdef
```

以上程序执行的结果为(　　)。

```
file=open("abc.txt","r")
s=file.readline()
s1=list(s)
print(s1)
```

  A. ['abcdef']   B. ['abcdef\n']

  C. ['a','b','c','d','e','f']   D. ['a','b','c','d','e','f','\n']

【答案】　C

【难度】　中等

【解析】　略。

(11) 下列关于文件读取的说法,错误的是(　　)。

  A. read()方法可以一次读取文件中所有的内容

  B. readline()方法一次只能读取一行内容

  C. readlines()以元组形式返回读取的数据

  D. readlines()一次可以读取文件中所有内容

【答案】　C

【难度】　中等

【解析】　readlines()方法用于读取所有行(直到结束符 EOF)并返回列表,该列表可以由 Python 的 for-in 结构进行处理。如果碰到结束符 EOF 则返回空字符串。

(12) 下列关于文件写入的说法,正确的是(　　)。

A. 如果向一个已有文件写数据,在写入之前会先清空文件数据

B. 每执行一次 write()方法,写入的内容都会追加到文件末尾

C. writelines()方法用于向文件中写入多行数据

D. 文件写入时不能使用"r"模式

【答案】 D

【难度】 中等

【解析】 writelines()方法用于向文件中写入一序列的字符串。这一序列字符串可以是由可遍历对象生成的,如一个字符串列表。换行需要设置换行符 \n。r 表示以只读方式打开文件。文件的指针将会放在文件的开头。这是默认模式。write()方法将指定的文本写入文件。指定的文本将插入的位置取决于文件模式和流位置。

(13) 下列关于文件操作的说法,错误的是(   )。

A. os 模块中的 mkdir()方法可创建文件夹

B. shutil 模块中 rtree()方法可删除文件夹

C. os 模块中的 getcwd()方法获取的是相对路径

D. rename()方法可修改文件名

【答案】 B

【难度】 较难

【解析】 在 Python 文件中,使用代码删除文件夹以及其中的文件,可以使用 shutil.rmtree()方法以递归方式进行。

(14) 下列方法中,用于获取当前读/写位置的是(   )。

A. open()   B. close()   C. tell()   D. seek()

【答案】 C

【难度】 中等

【解析】 tell()方法用于获取当前文件的读/写位置。

(15) 已知 abc.txt 文件中的内容为"A small mistake will trigger huge consequences!",则以下面程序的输出结果是(   )。

```
txt file =open('abc. txt', 'r',encoding='utf-8')
txt file.seek(14,0)
print(txt file.read())
```

A. e will trigger huge consequences!

B. small mistake will trigger

C. A small mistake will trigger

D. trigger huge consequences!

【答案】 A

【难度】 较难

【解析】 seek()方法用于移动文件指针到指定位置。

2. 判断题

(1) 文件以默认方式打开后是只读的。(   )

A. 正确　　　　　　　　B. 错误

【答案】　A

【难度】　容易

【解析】　略。

（2）打开一个可读写的文件,如果文件存在就会被覆盖。（　　）

A. 正确　　　　　　　　B. 错误

【答案】　B

【难度】　容易

【解析】　w+表示打开一个文件用于读/写,如果该文件已存在,则将其覆盖;如果该文件不存在,则创建新文件。a+表示打开一个文件用于读写。如果该文件已存在,文件指针将会放在文件的结尾,是追加模式;如果该文件不存在,创建新文件用于读/写。

（3）使用 write()方法写入文件时,数据会追加到文件的末尾。（　　）

A. 正确　　　　　　　　B. 错误

【答案】　B

【难度】　较难

【解析】　write()方法将指定的文本写入文件。指定的文本将插入的位置取决于文件模式和流位置。a 表示文本将插入当前文件流的位置,默认情况下插入文件的末尾。w 表示在将文本插入当前文件流位置(默认为 0)之前,将清空文件。

（4）实际开发中,文件或者文件夹操作只要用 os 模块就可以了。（　　）

A. 正确　　　　　　　　B. 错误

【答案】　B

【难度】　容易

【解析】　Python 中对文件、文件夹的操作需要同时用到 os 模块和 shutil 模块。

（5）read()方法只能一次性读取文件中的所有数据。（　　）

A. 正确　　　　　　　　B. 错误

【答案】　B

【难度】　中等

【解析】　read()可以读取整个文件,它通常用于将文件内容放到一个字符串变量中。如果文件大于可用内存,为了安全起见,可以反复调用 read(size)方法,每次最多读取 size 个字节的内容。

（6）打开文件对文件进行读/写,操作完成后应该调用 close()方法关闭文件,以释放资源。（　　）

A. 正确　　　　　　　　B. 错误

【答案】　A

【难度】　容易

【解析】　使用 open()方法打开文件后一定要保证关闭文件对象,即调用 close()方法。

（7）listdir()方法可方便地获取指定文件夹中所有文件的文件名列表。（　　）

        A. 正确   B. 错误

【答案】 A

【难度】 容易

【解析】 os.listdir()方法用于返回指定的文件夹包含的文件或文件夹的名字的列表。它不包括 . 和 .. ,即使它在文件夹中。它只能在 UNIX 和 Windows 系统下使用。

(8) 使用 readlines()方法把整个文件中的内容进行一次性读取,返回的是一个列表。( )

        A. 正确   B. 错误

【答案】 A

【难度】 容易

【解析】 readlines()方法用于一次读取整个文件,像 read()一样。readlines()自动将文件内容分析成一个行的列表,该列表可以由 Python 的 for-in 结构进行处理。

(9) os 模块中的 mkdir()方法用于创建文件夹。( )

        A. 正确   B. 错误

【答案】 A

【难度】 容易

【解析】 os.mkdir()方法用于以数字权限模式创建文件夹。默认的模式为 0777（八进制）。

如果目录有多级,则创建最后一级,如果最后一级文件夹的上级文件夹有不存在的,则会抛出 OSError 异常。

(10) os 模块提供了重命名文件和目录的方法 rename(),如果指定的路径是文件,则重命名文件;反之,如果指定的路径是文件夹,则重命名文件夹。( )

        A. 正确   B. 错误

【答案】 A

【难度】 容易

【解析】 os.rename()方法用于重命名文件或文件夹。

(11) 使用 readline()方法可以逐行读取数据。( )

        A. 正确   B. 错误

【答案】 A

【难度】 容易

【解析】 略。

(12) open()方法的第一个参数是要打开的文件名。( )

        A. 正确   B. 错误

【答案】 A

【难度】 容易

【解析】 略。

(13) close()方法用于关闭文件。( )

        A. 正确   B. 错误

【答案】　A

【难度】　容易

【解析】　略。

(14) 频繁地移动文件指针，会影响文件的读写效率，开发中更多的时候会以只读、只写的方式来操作文件。（　　）

　　A. 正确　　　　　　B. 错误

【答案】　A

【难度】　中等

【解析】　略。

(15) 要将数据写入文件，需要先打开文件；数据写入完成后，需要将文件关闭以释放计算机内存。（　　）

　　A. 正确　　　　　　B. 错误

【答案】　A

【难度】　容易

【解析】　略。

3. 简答题

(1) 简述读取文件的几种方法名称及其区别。

Python 文件对象提供了三个"读"方法：read()、readline()和 readlines()。每种方法可以接收一个变量以限制每次读取的数据量。read()每次读取整个文件，它通常用于将文件内容放到一个字符串变量中。如果文件大于可用内存，为安全起见，可以反复调用read(size)方法，每次最多读取 size 个字节的内容。readlines()自动将文件内容分析成一个行的列表，该列表可以由 Python 的 for-in 结构进行处理。readline()每次只读取一行，通常比 readlines()慢得多。若没有足够内存可以一次读取整个文件时，建议使用readline()。

注意这三种方法是把每行末尾的\n 也读进来了，它并不会默认地把\n 去掉，需要手动去掉。

(2) os 模块中用来进行文件与文件夹操作的命令有哪些？功能是什么？

Python 中对文件、文件夹操作时经常用到 os 模块的常用方法如下。

① 得到当前工作文件夹，即当前 Python 脚本的工作路径：os.getcwd()。

② 返回指定文件夹下的所有文件和文件夹名：os.listdir()。

③ 删除一个文件：os.remove()。

④ 删除多个文件夹：os.removedirs(r"c:\python")。

⑤ 检查给出的路径是否是一个文件：os.path.isfile()。

⑥ 检查给出的路径是否是一个文件夹：os.path.isdir()。

⑦ 判断是否是绝对路径：os.path.isabs()。

⑧ 检查给出的路径是否真实地存在：os.path.exists()。

⑨ 返回一个路径的文件夹名和文件名：os.path.split()。

(3) 简述相对路径与绝对路径。

　　绝对路径总是从根文件夹开始，Windows 系统中以盘符（C:、D:）作为根文件夹，而 Mac OS 或者 Linux 系统中以 / 作为根文件夹。

　　相对路径是指文件相对于当前工作文件夹所在的位置。例如，当前工作文件夹为 "C:\Windows\System32"，若文件 demo.txt 位于这个 System32 文件夹下，则 demo.txt 的相对路径表示为 ".\demo.txt"（其中 .\ 就表示当前所在文件夹）。

　　在使用相对路径表示某文件所在的位置时，除了经常使用 .\ 表示当前所在文件夹之外，还会用到 ..\ 表示当前所在文件夹的父文件夹。

第 8 章

模 块 与 包

学习目标

(1) 了解模块的概念及其导入方式。

(2) 掌握常见标准模块的使用。

(3) 了解模块导入的特性。

(4) 掌握自定义模块的使用方法。

(5) 掌握包的结构及其导入方式。

(6) 了解第三方模块的下载和安装。

为了更加友好地对 Python 代码进行组织管理,Python 中出现了包和模块的概念,类似生活中整理物品一样,将代码按照不同的功能进行整理整合,可以很大程度地提升代码可读性和代码质量,方便在项目中进行协同开发。Python 不仅在标准库中包含了大量的模块(称为标准模块),还有很多第三方模块。另外,开发者也可以自己开发自定义模块,通过这些强大的模块支持将极大地提高开发效率。

8.1 模块概述

函数是完成特定功能的一段程序,是可复用程序的最小组成单位;类是包含一组数据及操作这些数据或传递消息的方法的集合。模块是在函数和类的基础上,将一系列相关代码组织到一起的集合体。在 Python 中,一个模块就是一个扩展名为 .py 的源程序文件。

为了方便调用,将一些功能相近的模块组织在一起,或将一个较为复杂的模块拆分为多个组成部分,可以将这些 .py 源程序文件放在同一个文件夹下,按照 Python 的规则进行管理,这样的文件夹和其中的文件就称为包,库则是功能相关联的包的集合。

Python 中的模块可分为三类,分别是内置模块、第三方模块和自定义模块,相关介绍如下。

(1) 内置模块是 Python 内置标准库中,也是 Python 的官方模块,可直接导入程序供开发人员使用。

(2) 第三方模块是由非 Python 官方制作发布的、供大众使用的模块,在使用之前需要开发人员先自行安装。

（3）自定义模块是开发人员在程序编写过程中自行编写的、存放功能性代码的.py文件。

一个完整大型的 Python 程序通常被组织为模块和包的集合。

8.1.1　自定义模块

在 Python 中，自定义模块有两种作用：①规范代码，让代码更易于阅读；②方便在其他程序中使用已经编写好的代码，提高开发效率。

自定义模块主要分为两部分：①创建模块；②导入模块。创建模块时，可以将模块中相关的代码（变量定义和函数定义等）编写在一个单独的文件中，并且将该文件命名为"模块名.py"的形式。

提示：创建模块时，设置的模块名不能是 Python 自带的标准模块名称，而且模块文件的扩展名必须是.py。

下面通过一个具体的实例演示如何创建模块。

【例 8-1】　创建计算 BMI 指数的模块。

创建一个用于根据身高、体重计算 BMI 指数的模块，命名为 bmi.py，其中 bmi 为模块名，_py 为扩展名。关键代码如下。

```
01  def fun_bmi (name,height,weight):
02      '''
03      该函数的功能是计算 BMI
04      :param name: 姓名
05      :param height: 身高
06      :param weight: 体重
07      :return: none
08      '''
09      bmi=weight/(height * height)          #BMI 公式
10      #print (name, '身高: ', height,"体重: ", weight, '对应 BMI 为: ', bmi,
        end=",")
11      #print (name,'身高: ',height,"体重: ",weight',,对应BMI为: %.2f' %bmi,
        end=",")
12      #BMI 用 2 位小数显示
13      if bmi <18.5:
14          print(name,"您好,您的体重太轻!")
15      elif 18.5 <=bmi <=24:
16          print(name,"您好,您的体重在正常范围!")
17      elif 24 <bmi <=28:
18          print(name,"您好,您属于偏胖体质!")
19      elif 28 <bmi <=32:
20          print(name,"您好,您属于肥胖体质!")
21      else:
22          print(name,"您好,您属于严重肥胖,得注意减肥。")
```

8.1.2　模块的导入方式

模块的导入方式分为使用 import 语句导入和使用 from-import 语句导入两种，具体介绍如下。

1. 使用 import 导入

使用 import 导入模块的语法格式如下。

```
import 模块 1,模块 2,...
```

import 支持一次导入多个模块,每个模块之间使用逗号分隔。例如:

```
import time                #导入一个模块
import random, pygame      #导入多个模块
```

模块导入之后便可以通过"."使用模块中的函数或类,语法格式如下。

```
模块名.函数名()|类名
```

下面导入例 8-1 中所编写的模块 bmi,并执行该模块中的函数。在模块文件 bmi.py 的统计目录下创建一个名称为 main.py 的文件,在该文件中导入模块 bmi,具体代码如下。

```
01  import bmi
02  bmi.fun_bmi("张兰",1.78,70)
```

执行上面的代码,运行结果如图 8.1 所示。

```
main ×
E:\python\venv\Scripts\python.exe E:/python/main.py
张兰  您好, 您的体重在正常范围!

Process finished with exit code 0
```

图 8.1　导入模块并执行模块中的函数

如果在开发过程中需要导入一些名称较长的模块,可使用 as 关键字为这些模块起一个别名,然后就可以通过这个别名来调用模块中的变量、函数和类等。语法格式如下。

```
import 模块名 as 别名
```

后续可直接通过模块的别名使用模块中的内容,将上述案例中导入模块的代码修改如下。

```
import  bmi  as  b
```

然后调用 bmi 模块中的 fun_bmi()函数时,可以使用下面的代码。

```
b.fun_bmi("张兰",1.78,70)
```

2. 使用 from-import 导入

在使用 import 语句导入模块时,每执行一条 import 语句都会创建一个新的命名空间,并且在该命名空间中执行与.py 文件相关的所有语句。在执行时,需在具体的变量、函数和类名前加上"模块名."前缀。如果不想在每次导入模块时都创建一个新的命名空

间,而是将具体的定义导入当前的命名空间中,这时可以使用 from-import 语句。使用 from-import 语句导入模块后,不需要再添加前缀,直接通过具体的变量、函数和类名等访问即可。

使用 from-import 语句的语法格式如下。

```
from modelname import member
```

其中,modelname 表示模块名称,字母区分大小写,需要和定义模块时设置的模块名称的大小写保持一致。member 用于指定要导入的变量、函数或者类等。可以同时导入多个定义,各个定义之间使用逗号","分隔。如果想导入全部定义,也可以使用通配符"*"代替。

例如,导入 time 模块中的 sleep()函数和 time()函数,具体代码如下。

```
from time import sleep,time
```

利用通配符"*"导入 time 模块中的全部内容,具体代码如下。

```
from time import *
```

from-import 也支持为模块或模块中的函数起别名,语法格式如下。

```
from 模块名 import 函数名 as 别名
```

例如,为 time 模块中的 sleep()函数起别名为 sl,具体代码如下。

```
from time import sleep as s1        #s1为 sleep()函数的别名
```

以上介绍的两种模块的导入方式在使用上大同小异,可根据不同的场景选择合适的导入方式。

提示:虽然 from-import 方式可简化模块中内容的引用,但可能会出现函数或类重名的问题,因此,相对而言使用 import 语句导入模块更为安全。

8.2   常用的标准模块

Python 内置了很多标准模块,例如 random、os 等,下面介绍几个常用的标准模块。

8.2.1   random 模块

Python 中的 random 模块用于生成随机数。该模块中定义了多个可产生各种随机数的函数。random 模块的常用函数如表 8.1 所示。

表 8.1   random 模块的常用函数

函　　数	说　　明
random.random()	返回(0,1]区间的随机实数
random.randint(x,y)	返回[x,y]区间的随机整数

函　　数	说　　明
random.choice(seq)	从序列 seq 中随机返回一个元素
random.uniform(x,y)	返回[x,y]区间的随机浮点数

random 模块在前面的章节中已经有所涉及。在使用 random 模块之前,先使用 import 语句导入该模块,具体代码如下。

```
import random
```

random 模块中的 randint()函数可以随机返回指定区间内的一个整数。具体用法如下。

```
print(random.randint(1,8))              #随机生成一个 1～8 之间的整数
```

程序运行结果如下。

```
5
```

假设需要开发一个随机点名的程序,可使用 random 模块中的 choice()函数。choice() 函数会随机返回指定序列中的一个元素,例如:

```
01  name_li=["张兰","黄兵","王辉","赵娜"]
02  print(random.choice(name_li))            #随机输出 name_li 中的一个元素
```

8.2.2　shutil 模块

在第 7 章介绍了 os 模块中的文件夹或文件的新建/删除/查看功能,还提供了对文件 以及文件夹的路径操作。但是,通常对文件和文件夹的操作还应该包含移动、复制、打包、 压缩、解压等操作,这些功能 os 模块都没有提供。shutil 模块则就是对 os 模块中文件操 作的补充。

1. 移动文件或文件夹

使用 shutil.move(source,destination)函数可以将指定的文件或文件夹移动到目标 路径下,返回值是移动后的文件绝对路径字符串。如果目标路径指向一个文件夹,那么指 定文件将被移动到目标路径指向的文件夹中,并且保持其原有名称。

【例 8-2】　移动 test_file 文件到 E 盘根目录下,代码如下。

```
01  import shutil
02  print(shutil.move('E:\\python\\test_file.txt','E:\\'))
```

运行结果如图 8.2 所示。

例 8-2 中,如果 E 盘根目录下文件夹中已经存在了同名文件 test_file.txt,那么该文 件将被覆盖。如果目标具有不同的文件名,那么指定的文件将在被移动后重命名,代码 如下。

```
E:\python\venv\Scripts\python.exe E:/python/main.py
E:\test_file.txt

Process finished with exit code 0
```

图 8.2   shutil.move()函数将指定的文件移动到目标文件夹

```
01  import shutil
02  print(shutil.move('E:\\python\\test_file.txt','E:\\test_file1.txt'))
```

运行结果如图 8.3 所示。

```
E:\python\venv\Scripts\python.exe E:/python/main.py
E:\test_file1.txt

Process finished with exit code 0
```

图 8.3   文件移动并被重命名

需要注意的是,目标路径所指的文件夹必须是已经存在的,否则程序会返回错误。

2. 复制文件

shutil.copy(source,destination)函数实现文件复制功能,将 source 文件复制到 destination 文件夹中,两个参数都是字符串格式。如果 destination 是一个文件名称,那么它会被用来当作复制后的文件名称,即等于复制并重命名。返回值是复制后的文件绝对路径字符串。

【例 8-3】 复制文件 test_file.txt 的内容。

```
01  import shutil
02  print(shutil.copyfile('test_file.txt','test.txt'))
```

如果 source 和 destination 是同一文件,就会引发错误 shutil.Error。destination 文件必须是可写的,否则将引发错误 IOError。如果 destination 文件已经存在,则它会被替换。对于特殊文件,例如字符或块设备文件和管道则不能使用此功能,因为 copyfile 会打开并读取文件。

shutil.copy(source,destination)可以复制文件 source 到文件或文件夹 destination,如果 destination 是文件夹,则会使用 source 相同的文件名创建(或覆盖),文件权限也会复制,返回值是复制后的文件绝对路径字符串。

shutil.copytree(source,destination)函数的功能是复制整个文件夹,将 source 文件夹中的所有内容复制到 destination 中,包括 source 中的文件、子文件夹都会被复制过去。两个参数都是字符串格式。

如果 destination 文件夹已经存在,该操作将引发 FileExistsError 错误,提示文件已存在。即如果执行了该函数,程序会自动创建一个新文件夹(destination 参数)并将 source 文件夹中的内容复制过去。

```
01  import shutil
02  print(shutil.copytree('E:\\python', 'E:\\pythontest'))
```

该函数的返回值是复制成功后的文件夹的绝对路径字符串。该函数可以实现备份功能。

3. 永久性删除文件和文件夹

这里有涉及 os 模块中的相关函数,包括 os.unlink() 和 os.rmdir()。其中,os.unlink(path) 会删除 path 路径文件,os.rmdir(path) 会删除 path 路径文件夹,但是这个文件夹必须是空的,不包含任何文件或子文件夹。

shutil.rmtree(path) 会删除 path 文件夹,并且在这个文件夹中的所有文件和子文件夹都会被删除。利用该函数执行删除操作时,应该倍加谨慎,因为如果想要删除 .txt 文件,而不小心写成了 .rxt,那么将会给自己带来麻烦。

4. 压缩与解压文件

shutil 模块的 make_archive 函数() 主要用于文件的压缩,语法格式如下。

```
shutil.make_archive('压缩后存放位置','压缩格式','需要压缩的内容')
```

示例代码如下。

```
01  import shutil
02  print(shutil.make_archive('E:\\test','zip','E:\\python'))
```

上述代码用于将 E 盘根文件夹下的 python 文件夹压缩到 E 盘的 test.zip 文件中。unpack_archive() 函数用于解压缩文件,语法格式如下。

```
shutil.unpack_archive("要解压的压缩文件", "解压后存放的位置")
```

解压缩示例代码如下。

```
01  import shutil
02  print(shutil.unpack_archive('E:\\test.zip','E:\\python\\abc'))
```

上述代码是把 E 盘路径下的 test.zip 压缩包中的文件解压到 E 盘的 python 文件夹下的 abc 文件夹中。

8.3　第三方模块的下载和安装

在进行 Python 程序开发时,除了可以使用 Python 内置的标准模块外,还有很多第三方模块可以使用。对于这些第三方模块,可以在 Python 官方推出的 http://pypi.python.org/pypi 中找到。

在使用第三方模块时,需要先下载并安装该模块,然后就可以像使用标准模块一样导入并使用了。这里主要介绍如何下载和安装。下载和安装第三方模块可以使用 Python 提供的 pip 命令实现。pip 命令的语法格式如下。

```
pip install|uninstall|list 模块名
```

其中,install、uninstall、list 是常用的命令参数,各自的含义如下。

install：用于安装第三方模块，模块名不能省略。

uninstall：用于卸载已经安装的第三方模块，模块名不能省略。

list：用于显示已经安装的第三方模块。

例如，要安装第三方 matplotlib 模块(一个非常强大的 Python 画图工具)，可以在命令行窗口中输入以下命令。

```
pip install matplotlib
```

执行此命令，它会在线自动安装 matplotlib 模块，如图 8.4 所示。

```
C:\Users\gaoli>pip install matplotlib ———— pip安装命令
Collecting matplotlib
  Using cached matplotlib-3.4.2-cp39-cp39-win_amd64.whl (7.1 MB)
Requirement already satisfied: python-dateutil>=2.7 in c:\users\gaoli\appdata\local\programs\python\python39\lib\site-pa
ckages (from matplotlib) (2.8.2)
Requirement already satisfied: pillow>=6.2.0 in c:\users\gaoli\appdata\local\programs\python\python39\lib\site-packages
(from matplotlib) (8.3.1)
Requirement already satisfied: pyparsing>=2.2.1 in c:\users\gaoli\appdata\local\programs\python\python39\lib\site-packag
es (from matplotlib) (2.4.7)
Requirement already satisfied: kiwisolver>=1.0.1 in c:\users\gaoli\appdata\local\programs\python\python39\lib\site-packa
ges (from matplotlib) (1.3.1)
Requirement already satisfied: cycler>=0.10 in c:\users\gaoli\appdata\local\programs\python\python39\lib\site-packages (
from matplotlib) (0.10.0)
Requirement already satisfied: numpy>=1.16 in c:\users\gaoli\appdata\local\programs\python\python39\lib\site-packages (f
rom matplotlib) (1.21.0)
Requirement already satisfied: six in c:\users\gaoli\appdata\local\programs\python\python39\lib\site-packages (from cycl
er>=0.10->matplotlib) (1.16.0)
Installing collected packages: matplotlib
Successfully installed matplotlib-3.4.2 ———— Successfully表示安装成功！
```

图 8.4　matplotlib 模块安装成功

提示：在 PyCharm 中下载和安装第三方模块的方法是，打开 PyCharm，选择 View→Tool Windows→Terminal 命令打开 Terminal 工具，输入 pip install matplotlib 命令，按 Enter 键后开始下载并安装 matplotlib 模块。当在 Terminal 窗口的末尾看到 Successfully installed matplotlib 时，说明 matplotlib 模块安装成功，如图 8.5 所示。

```
(venv) E:\python>pip install matplotlib
Collecting matplotlib
  Using cached matplotlib-3.4.2-cp39-cp39-win_amd64.whl (7.1 MB)
Collecting pyparsing>=2.2.1
  Using cached pyparsing-2.4.7-py2.py3-none-any.whl (67 kB)
Collecting cycler>=0.10
  Using cached cycler-0.10.0-py2.py3-none-any.whl (6.5 kB)
Collecting python-dateutil>=2.7
  Using cached python_dateutil-2.8.2-py2.py3-none-any.whl (247 kB)
Collecting pillow>=6.2.0
  Using cached Pillow-8.3.1-1-cp39-cp39-win_amd64.whl (3.2 MB)
Collecting numpy>=1.16
  Downloading numpy-1.21.1-cp39-cp39-win_amd64.whl (14.0 MB)
     |████████████████████████████████| 14.0 MB 384 kB/s
Collecting kiwisolver>=1.0.1
  Using cached kiwisolver-1.3.1-cp39-cp39-win_amd64.whl (51 kB)
Collecting six
  Using cached six-1.16.0-py2.py3-none-any.whl (11 kB)
Installing collected packages: six, python-dateutil, pyparsing, pillow, numpy, kiwisolver, cycler, matplotlib
Successfully installed cycler-0.10.0 kiwisolver-1.3.1 matplotlib-3.4.2 numpy-1.21.1 pillow-8.3.1 pyparsing-2.4.7 python-dateutil-2.8.2 six-1.16.0
```

图 8.5　matplotlib 安装成功

8.4　Python 中的包

当项目规模日益增大时，一个项目中的 Python 文件会无限制增加，尽管模块化开发解决了一个文件中代码过多的问题(将代码按照不同功能拆分到多个文件中，每个文件中的代码足够简单),仍不可避免地出现一个文件夹下 Python 文件过多的问题,此时查询某个文件就不太方便。如果一个项目中包含了大量的 Python 文件/模块,存在两个问题。

(1) Python 模块过多,会导致一些大型项目中某个模块查找不方便。

(2) 项目中多个角色的模块,如管理员视图模块和会员视图模块出现命名冲突的问题,两个模块都成为 views.py。

当个人计算机上一个文件夹包含大量文件时,通常会将不同类型的文件存放到不同的文件夹中。Python 中提供了模块包(包含模块的文件夹)将不同功能的模块存放在不同的文件夹中,这样就可以解决在开发项目中遇到的上述问题。包本质就是一个文件夹,和文件夹不一样的是它有一个__init__.py 文件。包是从逻辑上来组织模块的,也就是说它是用来存放模块和子包的。

包的存在使整个项目更富有层次,也可认为在一定程度上避免合作开发中模块重名的问题。包的__init__.py 文件可以为空,但必须存在,否则包将退化为一个普通目录。__init__.py 文件有两个作用,第一个作用是标识当前目录是一个 Python 包,第二个作用是模糊导入。如果__init__.py 文件中没有声明__all__属性,那么使用 from-import 语句导入的内容将为空。

8.5　包的导入

包的导入与模块的导入方法大致相同,也可使用 import 或 from-import 实现。假设现有一个包 package_demo,该包中包含模块 module_demo,模块 module_demo 中有一个 add()函数,该函数用于计算两个数的和,函数代码如下。

```
01  def add(num1, num2):
02      print(num1 + num2)
```

下面分别使用不同的方式导入包和使用包内容。

1. 使用 import 导入

使用 import 导入包中的模块时,需要在模块名的前面加上包名,格式为"import 完整包名.模块名"。若要使用已导入模块中的函数,需要通过"import 完整包名.模块名.函数名"实现。

例如,使用 import 方式导入包 package_demo,并使用 module_demo 模块中的 add()函数,具体代码如下。

```
01  import package_demo.module_demo.add
02  add(5,8)
```

2. 使用 from-import 导入

通过 from-import 导入包中模块包含的函数时,通过"from 完整包名.模块名 import.函数名"的形式加载指定模块。

使用 from-import 导入包 package_demo 的示例代码如下。

```
01  from package_demo.module_demo import add
02  add(4,9)
```

8.6 项目训练

1. 随机验证码程序

使用 random 和 string 模块模拟生成一个 6 位随机验证码程序,要求验证码中至少包含一个数字、一个小写字母、一个大写字母。

```
01  import random                                    #随机数模块
02  import string                                    #string 模块主要包含关于字符
                                                     #串的处理函数
03  code_list =[]                                    #定义空列表
04  code_list.append(str(random.randint(1,9)))       #随机生成一个数字
05  code_list.append(random.sample(string.ascii_lowercase,1)[0])
06  #生成一个小写字母,sample()方法返回一个列表,包含从序列中随机选择的指定数量的
    项目
07  code_list.append(random.sample(string.ascii_uppercase,1)[0])
                                                     #生成一个大写字母
08  three random.sample(string.digits+string.ascii_lowercase+string.
    ascii_uppercase,3)
09  #生成 3 个由大小写字母和数字组成的列表
10  for i in three:
11      code_list .append(i)                         #所有数加到 code_list 中
12  random.shuffle(code_list )
                    #shuffle()方法将序列的所有元素随机排序,把组合好的列表打乱
13  result ='' .join(code_list)    #将列表中的元素以指定的字符连接生成一个新的字符串
14  print(result)
```

程序每运行一次生成的验证码是随机的。

2. 彩色螺旋图案

turtle(海龟)是 Python 重要的标准库之一,它能够进行基本的图形绘制。turtle 图形绘制的概念诞生于 1969 年,成功应用于 LOGO 编程语言。turtle 库绘制图形有一个基本框架:一个小海龟在坐标系中爬行,其爬行轨迹形成了图形。刚开始绘制时,小海龟位于画布正中央,此处坐标为(0,0),前进方向为水平右方。在 Python 3 系列版本安装文件夹的 Lib 文件夹下可以找到 turtle.py 文件。turtle 库包含 100 多个函数,主要包括窗体函数、画笔状态函数和画笔运动函数 3 类。本项目利用 turtle 库来绘制彩色螺旋图案。参考代码如下。

```
01  import turtle as tt            #导入 turtle 模块
02  from random import randint     #导入随机数模块
03  tt.TurtleScreen.RUNNING =True
04  tt.speed(10)                   #设置画笔移动速度,画笔绘制的速度取[0,10]区间的整数
```

```
05    tt.width(2)                    #设置画笔的宽度,值为整数型,线宽为 2 像素
06    tt.bgcolor("black")            #背景色为黑色
07    tt.setpos(-25,25)              #改变初始位置,这可以使得图案居中
08    tt.colormode(255)
      #设置颜色模式的 colormode() 函数,可以用 0~255 的 3 个整数
09    #分别表示红、绿、蓝三原色的深度值,称为"真彩色"
10    for i in range(450):           #连续画 450 条线段,每一条线段的颜色都随机
11        r = randint(0, 255)
12        g = randint(0, 255)
13        b = randint(0, 255)
14        tt.pencolor(r, g, b)
15        #传入参数设置画笔颜色,可以是字符串如"green" "red",也可以是 RGB 三元组
16        tt.forward(50+i)
17        #向当前画笔方向移动 distance 像素长度,此处每一条线段比前一条长 1 像素
18        tt.right(91)               #顺时针移动 91°,即每画一条线段之后都向右转 91°
19    tt.done()                      #使 turtle 窗口不会自动消失
```

程序运行的结果如图 8.6 所示。

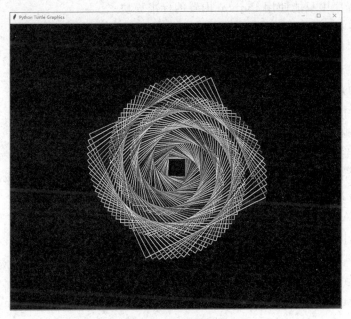

图 8.6　彩色螺旋图

8.7　本章小结

本章首先对模块进行了简要的介绍,然后介绍了如何自定义模块,也就是自己开发一个模块,接下来介绍了如何导入模块,最后介绍了如何使用 Python 内置的标准模块和第三方模块。模块和包不仅能够提高开发效率,而且使代码具有清晰的结构。本章中介绍的内容在实际项目开发中会经常应用,所以需要大家认真学习,做到融会贯通,为以后项

目开发打下良好的基础。

习题 8

1. 单项选择题

（1）通过"from 包名 import 模块名"的方式加载模块，使用该模块内的变量时（　　）。

    A. 需要带包前缀和模块名　　　　　　B. 不需要带包前缀，需要带模块名

    C. 不需要带模块名，需要带包前缀　　D. 不需要带包前缀和模块名

【答案】 B

【难度】 中等

【解析】 用"from 包名 import 模块名"或"from 包名.模块名 import 模块"中的部分代码（如变量、函数、方法、类等），后者中导入的变量、函数、类用","分隔。

（2）下列关于 Python 中模块的说法中，正确的是（　　）。

    A. 程序中只能使用 Python 内置的标准模块

    B. 只有标准模块才支持 import 导入

    C. 使用 import 语句只能导入一个模块

    D. 只有导入模块后，才可以使用模块中的变量、函数和类

【答案】 D

【难度】 中等

【解析】 略。

（3）下列关于标准模块的说法中，错误的是（　　）。

    A. 标准模块无须导入就可以使用　　B. random 模块属于标准模块

    C. 标准模块可通过 import 导入　　　D. 标准模块也是一个 .py 文件

【答案】 A

【难度】 中等

【解析】 略。

（4）下列导入模块的方式中，错误的是（　　）。

    A. import random　　　　　　　　　B. import random,time

    C. from random import *　　　　　　D. from random

【答案】 D

【难度】 中等

【解析】 略。

（5）下列函数中，能够随机生成指定范围的整数的是（　　）。

    A. random.random()　　　　　　　　B. random.randint()

    C. random.choice()　　　　　　　　　D. random.uniform()

【答案】 B

【难度】 中等

【解析】 random.randint(a,b)用于生成一个指定范围内的整数。其中参数 a 是下限,参数 b 是上限,生成的随机数在[a,b]区间内。

(6)下列关于包的说法中,错误的是( )。

    A. 包可以使用 import 语句导入

    B. 包中必须含有__init__.py 文件

    C. 功能相近的模块可以放在同一包中

    D. 包不能使用 from-import 方式导入

【答案】 D

【难度】 中等

【解析】 包也是模块,所以能使用模块的地方就能使用包。可以像导入模块一样直接导入包,包和模块的区别在于它们的组织形式不一样,模块可能位于包内,仅此而已。

2. 判断题

(1)使用第三方模块时需要提前安装。( )

    A. 正确   B. 错误

【答案】 A

【难度】 容易

【解析】 在 Python 中,安装第三方模块是通过包管理工具 pip 完成的。如果使用 Mac OS 或 Linux,安装 pip 本身这个步骤就可以跳过了。

(2)一个 py 文件就是一个模块。( )

    A. 正确   B. 错误

【答案】 A

【难度】 容易

【解析】 模块就是 Python 程序,每一个以.py 结尾的 Python 源代码文件都是一个模块。

(3)包结构中的__init__.py 文件不能为空。( )

    A. 正确   B. 错误

【答案】 B

【难度】 容易

【解析】 在创建 python 包的过程中,IDE 都会在包根目录下创建一个__init__.py 文件,该 Python 文件默认是空的。__init__.py 文件最常用的作用是标识一个文件夹是一个 Python 包。__init__.py 文件的另一个作用是定义模糊导入时要导入的内容。

(4)os 模块提供系统级别的操作。( )

    A. 正确   B. 错误

【答案】 A

【难度】 容易

【解析】 os 模块是 Python 标准库中的一个用于访问操作系统功能的模块,使用 os 模块中提供的接口,可以实现跨平台访问。

(5)random 模块中,random()函数只能生成随机整数。( )

A. 正确　　　　　B. 错误

【答案】　B

【难度】　容易

【解析】　random()是 Python 中生成随机数的函数。random.random()方法返回一个随机浮点数,其在 0~1 的范围之内。

(6) Python 模块分为内置模块、自定义模块和第三方模块。(　　)

A. 正确　　　　　B. 错误

【答案】　A

【难度】　容易

【解析】　Python 中的模块可分为三类,分别是内置模块、第三方模块和自定义模块,内置模块是 Python 内置标准库中的模块,也是 Python 的官方模块,可直接导入程序供开发人员使用。第三方模块是由非官方制作发布的、供大众使用的 Python 模块,在使用之前需要开发人员先自行安装;自定义模块是开发人员在程序编写的过程中自行编写的、存放功能性代码的.py 文件。

(7) 通过 import 和 from-import 可导入模块。(　　)

A. 正确　　　　　B. 错误

【答案】　A

【难度】　容易

【解析】　略。

(8) 包的存在使整个项目更富有层次,也可在一定程度上避免合作开发中模块重名的问题。(　　)

A. 正确　　　　　B. 错误

【答案】　A

【难度】　容易

【解析】　为了更好地组织 Python 代码,开发人员通常会根据不同业务将模块进行归类划分,并将功能相近的模块放到同一文件夹下。如果想要导入该文件夹下的模块,就需要先导入包。包的存在使整个项目更富有层次,也可在一定程度上避免合作开发中模块重名的问题。包中的__init__.py 文件可以为空,但必须存在,否则包将退化为一个普通文件夹。

(9) 在使用第三方模块时,需要先下载并安装该模块,然后就可以像使用标准模块一样导入并使用。(　　)

A. 正确　　　　　B. 错误

【答案】　A

【难度】　容易

【解析】　略。

(10) os.unlink(path)会删除 path 文件。(　　)

A. 正确　　　　　B. 错误

【答案】　A

【难度】　容易

【解析】　os.unlink()方法用于删除文件,如果文件是一个文件夹则返回一个错误。

(11) shutil 模块的 make_archive 函数主要用于文件的压缩。(　　　)

　　　A. 正确　　　　　　　B. 错误

【答案】　A

【难度】　容易

【解析】　略。

(12) 在使用 import 语句导入模块时,每执行一条 import 语句都会创建一个新的命名空间,并且在该命名空间中执行与.py 文件相关的所有语句。(　　　)

　　　A. 正确　　　　　　　B. 错误

【答案】　A

【难度】　较难

【解析】　略。

(13) 模块是在函数和类的基础上,将一系列相关代码组织到一起的集合体。(　　　)

　　　A. 正确　　　　　　　B. 错误

【答案】　A

【难度】　容易

【解析】　略。

(14) 内置模块是 Python 内置标准库中的模块,也是 Python 的官方模块,可直接导入程序供开发人员使用。(　　　)

　　　A. 正确　　　　　　　B. 错误

【答案】　A

【难度】　容易

【解析】　略。

(15) 第三方模块是由非官方制作发布的、供大众使用的 Python 模块,在使用之前需要开发人员先自行安装。(　　　)

　　　A. 正确　　　　　　　B. 错误

【答案】　A

【难度】　容易

【解析】　略。

3. 简答题

(1) 如何安装第三方模块?

安装通常有两种方式:通过包管理器、直接下载源码安装。

Python 常用的包管理器是 pip 和 easy_install。它们会从一个叫作 PyPI 的源中搜索用户想要的模块,找到后自动下载安装。PyPI 是 Python 官方的第三方模块仓库,供所有开发者下载或上传代码。如果使用的是 Mac OS 或者 Linux,那么同 Python 一样,系统中应该自带了 pip。而如果使用 Windows,那么在安装 Python 时,勾选 pip 和 Add python.exe to Path 复选框,就会同时安装好 pip 并设置好环境变量中的路径。如果无法使用 pip,确认 Python 安装目录下的 Scripts 子目录中是否有 pip,并且这个子目录的路径被加在了环境变量 Path 中。如果没有 pip,则要通过下载 setuptools 安装,或建议直接重新安装一遍 Python。

几乎所有第三方模块都可以在 PyPI 或 github 上找到源码,都会提供 zip、tar 等格式的压缩包。把代码压缩包下载到本地并解压,应该会看到一个 setup.py 文件。通过命令行窗口进入其所在目录,执行"python setup.py install"命令就会安装这个第三方模块。最终效果和用包管理器是一样的。

（2）如何生成一个随机数？

在 Python 中用于生成随机数的模块是 random,在使用前需要 import 该模块。

random.random()：生成一个 0～1 区间的随机浮点数。

random.uniform(a, b)：生成[a,b]区间的浮点数。

random.randint(a, b)：生成[a,b]区间的整数。

random.randrange(a, b, step)：在指定的区间[a,b)中,以 step 为基数随机取一个数。

random.choice(sequence)：从特定序列中随机取一个元素,这里的序列可以是字符串、列表、元组等。

（3）简述模块的概念。

Python 模块可以将代码量较大的程序分割成多个有组织的、彼此独立但又能互相交互的代码片段,这些自我包含的有组织的代码段就是模块,模块在物理形式上表现为以 .py 结尾的代码文件。一个文件被看作一个独立的模块,一个模块也可以被看作一个文件,模块的文件名就是模块的名字加上扩展名.py,每个模块都有自己的名称空间,Python 允许"导入"其他模块以实现代码重用,从而也实现了将独立的代码文件组织成更大的程序系统。

（4）简述导入模块的方法。

模块内部封装了很多实用的功能,在模块外部调用就需要将其导入。

① 导入 import 模块名

调用：模块名.函数名

② 导入 import 模块名 as 别名

调用：别名.功能名

③ 导入 from 模块名 import 函数名

调用：直接用功能名

④ from 模块名 import 函数名 as 别名

调用：直接用别名

⑤ from 模块名 import *（用 * 号一次性导入所有函数）

调用：直接用函数名

注意：* 号不能用别名。

第 9 章

数据可视化

学习目标

（1）掌握扩展库 matplotlib 及其依赖库的安装方法。

（2）了解 matplotlib 绘图的一般过程。

（3）掌握利用 matplotlib 进行折线图、散点图、柱状图、饼图等的绘制与属性设置。

（4）掌握利用 matplotlib 进行绘图图例等属性的设置。

（5）了解保存绘图结果的方法。

（6）了解 pyecharts 绘制图表的基本流程。

数据可视化、数据分析是 Python 的主要应用场景之一，Python 提供了丰富的数据分析和数据展示库来支持数据的可视化分析。数据可视化分析对于挖掘数据的潜在价值、企业决策都具有非常大的帮助。

本章简要介绍 Python 的主流数据可视化包 matplotlib 及将 Python 与 echarts 结合的数据可视化工具 pyecharts。下面从简单的入门示例开始讲起，带领读者逐步掌握 matlotlib 和 pyecharts 的用法。

9.1 数据可视化库 matplotlib

9.1.1 数据可视化库 matplotlib 简介

matplotlib 是一个 Python 的 2D（当然也可以绘制 3D，但是需要额外安装支持的工具包）绘图库，它以各种硬复制格式和跨平台的交互式环境生成出版质量级别的图形。通过 matplotlib，开发者仅需要几行代码便可以生成折线图、散点图、柱状图、饼状图、雷达图等，在数据可视化与科学计算可视化领域都比较常用。

使用 matplotlib 绘图时，主要用到其 pyplot 模块，它可以程序化地生成多种多样的图表，只需要简单的函数就可以个性化地定制图表，添加文本、点、线、颜色、图像等元素。使用 pyplot 绘图的一般过程为，首先生成或读入数据，然后根据实际需要绘制二维折线图、散点图、柱状图、饼状图、雷达图或三维曲线、曲面、柱状图等，接下来设置坐标轴标签（可以使用 matplotlib.pyplot 模块的 xlabel()、ylabel()函数或轴域的 set_xlabel()、set_ ylabel() 函数)、坐标轴刻度(可以使用 matplotlib.pyplot 模块的 xticks()、yticks() 函数或轴域的 set_xticks()、set_yticks() 函数)、图例(可以使用 matplotlib.pyplot 模块的 legend() 函数)、标题(可以使用 matplotlib.pyplot 模块的 title() 函数)等图形属性,最后显示或保存绘图结果。每一种图形都有特定的应用场景,对于不同类型的数据和可视化要求,需要选择最合适的图形类型进行展示,不能生硬地套用某种图形。

在绘制图形、设置轴和图形属性时,大多数函数都有很多可选参数来支持个性化设置,例如颜色、散点符号、线型等参数,而其中很多参数又有多个可能的值。本节重点介绍和演示 pyplot 模块中相关函数的用法,但是并没有给出每个参数的所有可能取值,这些读者可以通过 Python 的内置函数 help() 或者查阅 matplotlib 官方在线文档来获知,必要时可以查阅 Python 安装目录中的 Lib\site-packages\matplotlib 文件夹中的源代码获取更加完整的帮助信息。

9.1.2　用 matplotlib 绘制折线图

折线图比较适合描述和比较多组数据随时间变化的趋势,或者一组数据对另外一组数据的依赖程度。

扩展库 matplotlib.pyplot 中的函数 plot() 可以用来绘制折线图,通过参数指定折线图上端点的位置、标记符号的形状、大小和颜色以及线条的颜色、线型等样式,然后使用指定的样式把给定的点依次进行连接,最终得到折线图。如果给定的点足够密集,可以形成光滑曲线的效果。

【例 9-1】 已知某地区 5 月某天 10:00—24:00 的气温值如表 9.1 所示。编写程序绘制折线图对该地区的气温进行可视化,使用红色实线连接每个时间点的数据,并在每个数据处使用五角星进行标记。

表 9.1　某地区 5 月某天 10:00—24:00 的气温值

时间	10	11	12	13	14	15	16	17	18	19	20	21	22	23	24
气温/℃	18	19	22	22	23	25	25	24	20	20	20	21	19	17	15

程序代码如下。

```
import matplotlib.pyplot as plt                      #导入 matplotlib 绘图模块
plt.rcParams['font.sans-serif']=['SimHei']          #显示中文标签
plt.rcParams['axes.unicode_minus']=False            #显示中文负号
x =range(10,25)                                      #利用 range()函数设定 x 轴上的数据,即时间点
y =[18,19,22,22,23,25,25,24,20,20,20,21,19,17,15]    #设定 y 轴上的数据,即温度值
plt.figure(figsize=(20,8),dpi=80)        #设定画布的属性,figsize 指定 figure 的宽
                #和高,单位为英寸;dpi 参数指定绘图对象的分辨率,即每英寸多少个像素,值越大图越清晰
plt.plot (x, y, c = 'brown', lw = 2, ls = '-', marker = '*', markersize = 15,
markeredgecolor='red',markerfacecolor='yellow',label='气温变化图')
'''c 表示线条颜色;lw 表示线条宽度;ls 表示线条样式;marker 表示点的形状;markersize
表示点的大小;markeredgecolor 表示点的边框颜色;markerfacecolor 表示点的填充颜色;
label 用来设定图例名称'''
```

```
plt.legend(loc='best')                    #使用 legend()将图例展示出来
plt.title("某地区 5 月某天 10:00-24:00 的气温变化图")    #设定图表标题
plt.xlabel("时间",fontsize=15,c='red')
                          #设置横坐标标签,fontsize 表示字体大小,c 表示标签字体颜色
plt.ylabel("温度(℃)",fontsize=15,c='red')    #设置纵坐标标签,其他属性同上
#plt.xticks(range(6,24))              #设置 x 轴上的刻度
#plt.yticks(range(6,30))              #设置 y 轴上的刻度
x_tick =["{}点".format(i)for i in x]      #对 x 坐标轴上的数据进行格式化
y_tick =["{}℃".format(a)for a in range(6,30)]    #对 y 坐标轴上的数据进行格式化
plt.xticks(x,x_tick,rotation=45)
                          #x_ticks 设定 x 轴刻度,rotation 设置字体旋转角度
plt.yticks(range(6,30),y_tick)  #yticks 设定 y 轴刻度
plt.grid(alpha=0.1)          #设定网格线,alpha 设置透明度,数值越大越清晰,越小越模糊
plt.savefig("气温变化图")          #保存图片到本地
plt.show()                  #展示图形
```

程序运行结果如图 9.1 所示。

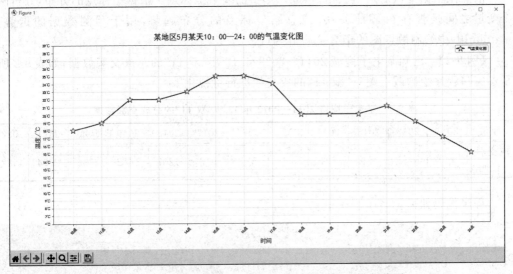

图 9.1 某地区 5 月某天 10:00—24:00 的气温变化折线图

在 plt.plot()函数中,x 表示 x 轴数据,为列表或数组类型,是可选参数,y 表示 y 轴数据,为列表或数组类型,颜色字符名称可写全称也可以写简称,例如:

'b': 蓝色	'm': 洋红色(magenta)	'g': 绿色	'y': 黄色
'r': 红色	'k': 黑色	'w': 白色	'c': 青绿色(cyan)

当绘制多条曲线而不指定颜色时,Python 会自动选择不同的颜色。ls 表示线条样式,有 4 种类型,- 表示实线,- - 表示破折线,- . 表示点画线,: 表示虚线。marker 表示点的形状,有多种样式,如 o 是实心圈标记,v 是倒三角标记,^是上三角标记,等等。matplotlib 中的 legend()主要用来设置图例相关的内容,其中 loc 用来表示图例的具体位置,可选的参数可以是字母,也可以是数字,默认情况下是 0(即 best),参数及意思如下。

0：'best'(自动寻找最好的位置)。

1：'upper right'(右上角)。

2：'upper left'(左上角)。

3：'lower left'(左下角)。

4：'lower right'(右下角)。

5：'right'(右边中间)。

6：'center left'(左边中间)。

7：'center right'(右边中间)。

8：'lower center'(中间最下面)。

9：'upper center'(中间最上面)。

10：'center'(正中心)。

9.1.3 用 matplotlib 绘制散点图

散点图根据提供的两组数据,构成图形中的多个坐标点。根据坐标点的分布,分析两个变量之间是否存在某种关联,或总结坐标点的分布趋势,用于预测数据的走势。matplotlib 中绘制散点图的函数是 scatter()。

【例 9-2】 已知某电子商城 2011—2022 年 12 年"双 11"的总成交额数据,如表 9.2 所示。编写程序绘制散点图对"双 11"的成交额进行可视化。

表 9.2 某电子商城 2011—2022 年 12 年"双 11"的总成交额数据

年份	2011	2012	2013	2014	2015	2016	2017	2018	2019	2020	2021	2022
成交额/亿元	0.52	9.36	52	191	350	571	912	1207	1682	2135	2684	4982

程序代码如下。

```
import matplotlib.pyplot as plt
plt.rcParams['font.sans-serif']=['SimHei']        #用来显示中文标签
plt.rcParams['axes.unicode_minus']=False          #用来显示中文负号
years =[2011, 2012, 2013, 2014, 2015, 2016, 2017, 2018, 2019, 2020, 2021, 2022]
turnovers =[0.52, 9.36, 52, 191, 350, 571, 912, 1207, 1682, 2135, 2684,4982]
plt.figure(figsize=(10,15), dpi=100)
plt.scatter(years, turnovers, c='red', s=100, label='成交额')
plt.xticks(range(2010, 2023, 1))
plt.yticks(range(0, 6000, 200))
plt.xlabel("年份",fontsize=15)
plt.ylabel("成交额",fontsize=15)
plt.title("某电子商城历年"双 11"总成交额",fontsize=20)
plt.legend(loc='best')
plt.show()
```

程序运行结果如图 9.2 所示。

在调用 scatter()函数绘制散点图时,使用 c='颜色'来设置点的颜色,使用 s='大小'来

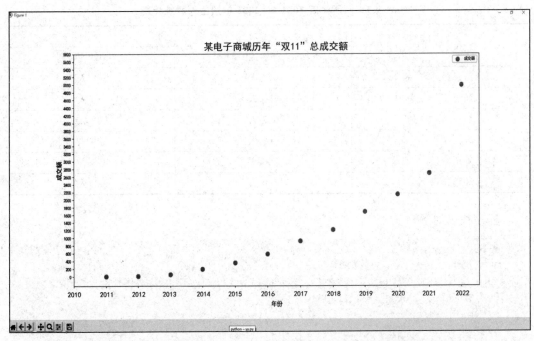

图 9.2　2011—2022 年 12 年某电子商城"双 11"的总成交额变化散点图

设置点的大小,并设置 label 用于图例展示。使用 xticks()和 yticks()来设置 x 轴和 y 轴的刻度标签和范围。使用 xlabel()和 ylabel()设置 x 轴和 y 轴的标签,并说明 x 轴和 y 轴的含义。使用 title()设置散点图的标题,说明散点图展示的数据。使用 legend()将图例展示出来,这基本和折线图是一致的。

散点图的作用主要是分析数据的趋势,预测未来的数据。比如想预测 2023 年某电子商城"双 11"的总成交额,通过对比的方式,简单分析一下这个趋势更接近指数函数还是更接近多次函数。

9.1.4　用 matplotlib 绘制柱状图

柱状图可分为纵向柱状图和横向柱状图两类。

纵向柱状图利用柱子的高度反映数据的差异。肉眼对高度差异很敏感,辨识效果非常好。纵向柱状图的局限在于只适用中小规模的数据集。通常来说,纵向柱状图的 X 轴是时间,用户习惯性认为存在时间趋势。如果遇到 x 轴不是时间的情况,建议用颜色区分每根柱子,改变用户对时间趋势的关注。

使用 matplotlib 提供的 bar()函数来绘制纵向柱状。与前面介绍的 plot() 函数类似,程序每次调用 bar()函数时都会生成一组纵向柱状图,如果希望生成多组纵向柱状图,则可通过多次调用 bar()函数来实现。

【例 9-3】 已知某学校信息技术学院、通信工程学院、经济管理学院、人文学院、外语学院、环境学院的 2021 年、2022 年招生人数如表 9.3 所示,编写程序绘制纵向柱状图对 6 所学院的 2021 年的招生人数进行对比分析。

表 9.3　六所学院 2021 年、2022 年招生人数统计表

部　　门	年　　份	
	2021 年	2022 年
信息技术学院	670 人	690 人
通信工程学院	580 人	550 人
经济管理学院	623 人	603 人
人文学院	569 人	586 人
外语学院	700 人	674 人
环境学院	710 人	702 人

程序代码如下。

```
import matplotlib.pyplot as plt
plt.rcParams['font.sans-serif']=['Microsoft YaHei']    #用来显示中文标签
x =['信息技术学院','通信工程学院','经济管理学院','人文学院','外语学院','环境学院']
y =[670,580,623,569,700,710]
plt.bar(x,y,color='y',edgecolor='g',facecolor='orange',hatch='*',
ls='--',lw=4,width=0.7,alpha=0.5)
plt.xlabel("学院名称",fontsize=15)
plt.ylabel("招生人数",fontsize=15)
plt.title("2021 年各学院招生人数对比柱状图",fontsize=20)
plt.show()
```

color 设定柱体的颜色,facecolor 是柱体的填充色,edgecolor 是柱体的边框色,hatch 是填充图形,ls 是边框线的样式,lw 是边框的宽度,width 是柱体的宽度,数值为 0~1,默认值是 0.8,alpha 设定柱体透明度,数值越小越不清晰。

程序运行结果如图 9.3 所示。

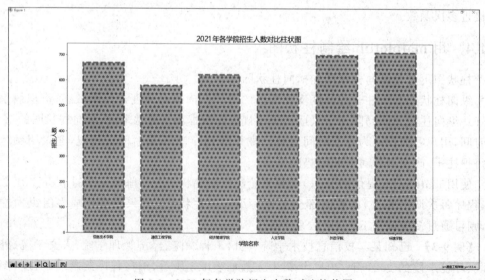

图 9.3　2021 年各学院招生人数对比柱状图

【例 9-4】 根据例 9-3 中的各学院招生人数的统计分析表以及完成的纵向柱状图,请绘制并列柱状图对比分析 2021 年、2022 年各学院招生人数情况,并添加标注文本。

```
import matplotlib.pyplot as plt
plt.rcParams['font.sans-serif']=['Microsoft YaHei']        #用来显示中文标签
plt.rcParams["axes.unicode_minus"]=False
xt=['信息技术学院','通信工程学院','经济管理学院','人文学院','外语学院','环境学院']
                                                            #设定 x 轴刻度名称
x=[0,1,2,3,4,5]
y2019=[670,580,623,569,700,710]
y2020=[690,550,603,586,674,702]
plt.figure(figsize=(20,8))
plt.xticks([i+0.2 for i in x],xt,fontsize=18)
plt.yticks(fontsize=18)
plt.title("2021年、2022年各学院招生人数对比柱状图",fontsize=18)
plt.bar(x,y2021,width=0.4,label='2021级')
plt.bar([i+0.4 for i in x],y2022,width=0.4,label='2022级')
plt.legend(loc="upper left",fontsize=18,bbox_to_anchor=(1,0.95))
#bbox_to_anchor 设定图例名称的坐标位置为在图的右边
plt.xlabel("学院名称",fontsize=25)
plt.ylabel("招生人数",fontsize=25)
for x,y2021 in enumerate(y2021):            #通过循环,为每个柱形添加文本标注
    plt.text(x,y2021+0.01, '%s' %y2021, ha='center')
for x,y2022 in enumerate(y2022):
plt.text(x+0.4,y2022+0.01, '%s' %y2022, ha='center')
#在使用 text() 函数输出文字时,该函数的前两个参数控制输出文字的 X、Y 坐标,第三个参数
#则控制输出的内容,ha 参数控制文字的水平对齐方式
plt.show()
```

程序运行结果如图 9.4 所示。

纵向柱状图和横向柱状图的共同点是都用于相同实物的量之间的对比,不同点是纵向柱状图一般用于较少对象之间的对比,如果需要对比的条目较多,纵向柱状图就会使画面有一种拥挤的感觉。这时,就需要用到横向柱状图。

在 matplotlib 中,要绘制纵向柱状图也非常简单,只需把 bar() 函数改为 barh() 即可,下面将例 9-3 中调用绘制纵向柱状图的函数 bar() 改为 barh():

```
plt.barh(x,y,color='y',edgecolor='g',facecolor='orange',hatch='*',ls='-
-',lw=4,alpha=0.5)
```

其他代码不做改动,程序运行的结果如图 9.5 所示。

9.1.5 用 matplotlib 绘制饼图

饼图比较适合展示一个总体中各类别数据所占的比例,例如商场年度营业额中各类商品、不同员工的占比,家庭年度开销中不同类别的占比等。人眼对面积不是很敏感,难以区分微小的差异,使用饼图时要注意这个问题。

使用 matplotlib 提供的 pie() 函数来绘制饼图。

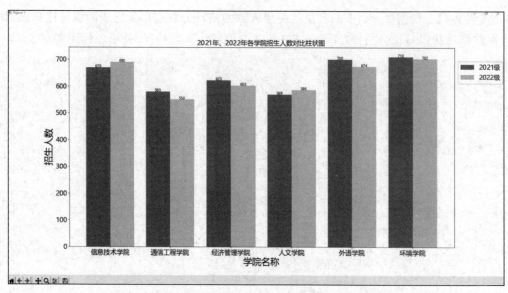

图 9.4　2021 年、2022 年各学院招生人数对比纵向柱状图

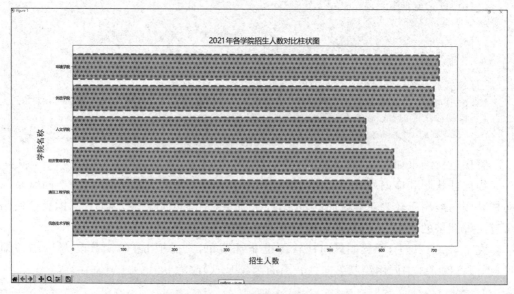

图 9.5　绘制横向柱状图

【例 9-5】　已知某同学 3 月生活费用各方面的开支分别是学费、书本费、饭费、生活物品购买费、水费、其他开支,各占 30%、5%、25%、35%、2%、3% ,根据上述数据绘制饼图说明该同学消费情况。

```
import matplotlib.pyplot as plt
plt.rcParams['font.sans-serif']=['Microsoft YaHei']      #用来显示中文标签
x_data=['学费','书本费','饭费','生活物品购买费','水费','其他开支']
y_data=[30.5,4.5,25,35,2,3]
plt.figure(figsize=(20,8))
```

```
plt.pie(x=y_data,labels=x_data,autopct='%.1f%%',explode=[0.1,0,0,0,0,0],
colors=['orange','red','blue','lightgreen','grey','pink'],pctdistance=0.6,
labeldistance=1.2,startangle=180,shadow=True,counterclock=False,textprops
={'fontsize':10,'color':'brown'},radius=1.2)
plt.title('某同学 3 月生活费开支饼图',pad=50,fontsize=20)
plt.legend(bbox_to_anchor=(1.4,0.9),ncol=2)    #ncol 表示的是图例名称分几列显示
plt.show()
```

plt.pie()函数中各参数的含义是：x 表示每部分的比例大小值；labels 表示标签的名称；autopct 表示每一部分比例值保留几位小数，.1 表示保留一位小数；explode 表示每一块饼离开圆心点的距离，默认是 0，最大值是 1；colors 设定每一块饼的颜色；pctdistance 表示百分比值离开圆心点的距离；labeldistance 表示标签名离开圆点的距离；startangle 表示起始绘制角度，默认起始位置是横轴的正方向，并且绘制方向默认是沿着 x 轴正方向逆时针开始绘制；counterclock 默认值是 True，如果改为 False，则沿着横轴正方向顺时针开始绘制；shadow 表示是否给图添加阴影，默认没有阴影；textprops 表示设置文本标签的基本属性值；radius 表示圆的半径，默认值是 1。

程序运行结果如图 9.6 所示。

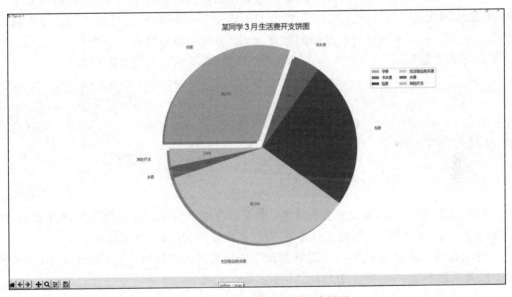

图 9.6 某同学 3 月生活费开支饼图

9.2 用 pyecharts 使数据可视化

应用 matplotlib 绘制的图表都是静态的图表，无法与图表进行交互。本节将通过案例介绍 Python 中另一个非常重要的可视化包 pyecharts，这是一款将 Python 与 Echarts 相结合的强大数据可视化工具，可以高度灵活地配置，轻松搭配出精美的图表，而且是经过网页渲染的可视化、可交互的 Web 页面图表，可以更好地通过时间选择或者维度选择

进行交互,得到不同的动态图表。

在使用 pyecharts 之前,首先要安装它。pyecharts 的安装方式和 matplotlib 相同,在终端输入命令 pip install pyecharts 进行安装,安装完成后就可以直接导入使用。

已知某学院计算机信息管理专业 2018—2022 年每年的招生人数分别是 120 人、113 人、134 人、122 人、126 人;大数据技术与应用专业的招生人数分别是 150 人、132 人、123 人、119 人、142 人。根据上述数据绘制两个专业招生人数变化折线图。使用 pyecharts 绘制图形的步骤主要有以下几步。

(1)选择图表类型。基于数据的特点,需要什么图形就导入什么图形的 pyecharts 相关模块。

```
import pyecharts.options as opts
from pyecharts.charts import Line
```

options 模块是 pyecharts 的重要模块,里面封装了几乎所有全局配置项和系列配置项的相关对象。charts 模块就是各种图表,如折线图、柱状图、树状图等,这里导入的是 Line 折线图。

(2)声明图形类型并添加数据。每个图形库都是被封装成了一个类,在使用这个类时,需要实例化这个类。声明类之后,相当于初始化了一个画布,之后的绘图就是在这个画布上进行。接下来要做的就是添加数据,pyecharts 中添加数据共有两种方式,另一种是普通方式添加数据,另一种是链式调用来添加数据,下例采用的是链式调用。

```
line_demo = (Line()
        .add_xaxis(['2018年', '2019年', '2020年', '2021年', '2022年'])
        .add_yaxis('计算机信息管理专业', [120, 113, 134, 122, 126], symbol='
pin', symbol_size=10, is_smooth=True)
        .add_yaxis('大数据技术与应用专业', [150, 132, 123, 119, 142], symbol='
triangle', symbol_size=10)
)
```

(3)设置全局变量,即设置各种参数,使图形变得更美观。常用的有标题配置项、图例配置项、工具配置项、视觉映射配置项、提示框配置项、区域缩放配置项。

各配置项的功能参考图 9.7。默认情况下图例配置项和提示框配置项是显示的,其他 4 个配置项是不显示的,需要用户自己设置。

本例中简单加了配置项内容后的代码如下。

```
line_demo = (Line()
        .add_xaxis(['2018年', '2019年', '2020年', '2021年', '2022年'])
        #add_xaxis是为折线图添加横轴的数据和配置项
        .add_yaxis('计算机信息管理专业', [120, 113, 134, 122, 126], symbol=
'pin', symbol_size=10, is_smooth=True)
        .add_yaxis('大数据技术与应用专业', [150, 132, 123, 119, 142], symbol=
'triangle', symbol_size=10)
#add_yaxis是为y轴添加数据和配置项
```

```
'''symbol用于标记图形,circle是圆形,rect是矩形,roundRect是圆角矩形,triangle
是三角形,diamond是菱形,pin是大头针,arrow箭头,none表示没有图形,symbol_size表
示的是标记的大小'''
                .set_global_opts(title_opts=opts.TitleOpts(title="班级人数变化折线
        图", subtitle="近五年的变化"),
                            yaxis_opts=opts.AxisOpts(name="人数",
name_location="center", name_gap=30),
                            xaxis_opts=opts.AxisOpts(name="年份",
name_location="center", name_gap=30),
                        )
#title表示主标题,subtitle表示的是副标题
#name_location表示的是标签名称的位置,name_gap表示的是标签名称与坐标轴的距离
)
```

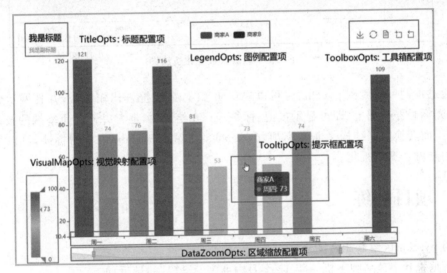

图 9.7　各配置项区域

（4）显示及保存图表，这里介绍两种最常用的保存方式。

第一种保存方式：

```
line_demo.render("C:\\Users\\gl\\Desktop\\a.html")
```

① 如果不指定路径，则保存在当前工作环境目录下。

② 如果指定了路径，则保存到指定的目录下。

注意：结果最终都是以 HTML 格式展示，发给其他任何人都可以直接打开。

第二种保存方式：

```
line_demo.render_notebook()
```

如果使用的是 jupyter notebook，使用这行代码，可以直接在 jupyter notebook 中显示图片。

程序运行结果如图 9.8 所示。

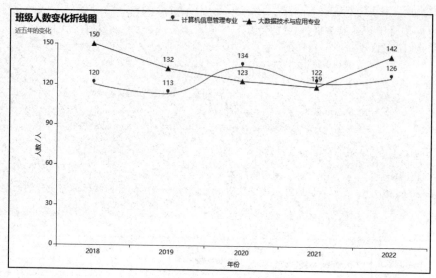

图 9.8　班级人数变化折线图

通过本例可以看到 pyecharts 可以展示动态图,在线报告比较美观,并且展示数据方便,将光标悬停在图上,即可显示数值、标签等。在绘图时,通常并不使用前端的技术来整理数据,而转换数据结构又非常麻烦,pyecharts 发挥了 Python 语言的特性,可以很好地帮助用户做数据可视化。

9.3　项目训练

用 pyecharts 绘制组合图表

数据描述:某品牌手机一年 12 个月内商家 A 和 B 的销量如下。

商家 A:107,36,102,91,95,113,56,78,123,128,112,56。

商家 B:104,60,33,138,96,88,87,67,114,89,90,120。

请根据上述数据描述情况利用 pyecharts 绘制组合图表说明两个商家某品牌手机销量的对比情况,参考代码如下。

```python
from pyecharts.charts import Bar,Line,Grid,Page
from pyecharts import options as opts
from pyecharts.globals import ThemeType
x =['1月','2月','3月','4月','5月','6月','7月','8月','9月','10月','11月','12月']
y_a=[107,36,102,91,95,113,56,78,123,128,112,56 ]
y_b=[104,60,33,138,96,88,87,67,114,89,90,120]
bar1 = (
    Bar()
        .add_xaxis(x)
        .add_yaxis("商家 A", y_a)
        .add_yaxis("商家 B", y_b)
```

```
        .set_global_opts(

            title_opts=opts.TitleOpts(title="商家 A 与商家 B 对比柱状图", subtitle
            ="某品牌手机销量"),
            yaxis_opts=opts.AxisOpts(name="销量", name_location="center",
            name_gap=30),
            xaxis_opts=opts.AxisOpts(name="月份", name_location="center",
            name_gap=30),
        )
)
line1 = (
    Line()
        .add_xaxis(x)
        .add_yaxis("商家 A", y_a)
        .add_yaxis("商家 B", y_b)
        .set_global_opts(title_opts=opts.TitleOpts(title="商家 A 与商家 B 对比
        折线图", subtitle="某品牌手机销量", pos_top="48%"),
            yaxis_opts=opts.AxisOpts(name="销量", name_location="center",
            name_gap=30),
            xaxis_opts=opts.AxisOpts(name="月份", name_location="center",
            name_gap=30),
        ))
grid = (
    Grid()
        .add(bar1, grid_opts=opts.GridOpts(pos_bottom="60%"))
        .add(line1, grid_opts=opts.GridOpts(pos_top="60%"))
)
grid.render("1.html")
```

程序运行结果如图 9.9 所示。

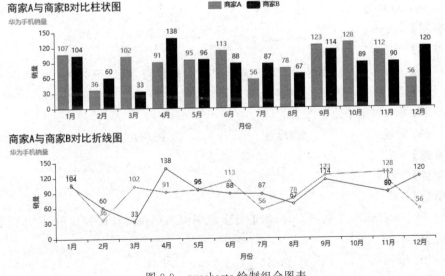

图 9.9　pyecharts 绘制组合图表

9.4　本章小结

Python 提供了丰富的数据可视化库来支持数据的可视化分析。数据可视化分析对于挖掘数据的潜在价值、企业决策都具有非常大的帮助。本章简要介绍了 Python 的主流数据可视化包 matplotlib 及将 Python 与 Echarts 结合的强大的数据可视化工具 pyecharts。

习题 9

1. 单项选择题

(1) Python 安装扩展库常用的是(　　　)工具。

　　A. setup　　　　　　B. update　　　　　　C. pip　　　　　　D. run

【答案】　C

【难度】　容易

【解析】　使用 pip 来管理 Python 扩展库，pip 命令使用方法示例：pip install SomePackage。

(2) 可以正确引入 matplotlib 库中的 pyplot 模块的方式是(　　　)。

　　A. import matplotlib as pyplot　　　　　　B. import matplotlib

　　C. import pyplot.matplotlib as plt　　　　D. import matplotlib.pyplot as plt

【答案】　D

【难度】　中等

【解析】　略。

(3) 绘制饼图中设定每一块饼离开中心点的距离的参数是(　　　)。

　　A. explode　　　　　B. labels　　　　　　C. font　　　　　　D. sizes

【答案】　A

【难度】　中等

【解析】　explode 设定每一块饼图离开中心点的距离，默认值为(0,0)，就是不离开中心。

(4) plt.title()用来绘制图表的(　　　)。

　　A. 标题　　　　　　B. 标签　　　　　　C. 图例名称　　　　D. 画布大小

【答案】　A

【难度】　容易

【解析】　略。

(5) 用 matplotlib 绘制图表时，如果要设定图例名称在最佳位置显示，应该设置属性 loc 的值为(　　　)。

　　A. best　　　　　　B. good　　　　　　C. left　　　　　　D. right

【答案】　A

【难度】　中等

【解析】　略。

(6) 设置图形上正常显示中文的代码是(　　　)。

　　A. plt.rcParams['font.sans－serif']＝['SimHei']

　　B. plt.rcs['font.sans-serif']＝['SimHei']

　　C. plt.rcs['axes.unicode_minus']

　　D. plt.rcParams['axes.unicode_minusv]

【答案】　A

【难度】　中等

【解析】　plt.rcParams['font.sans-serif']＝['SimHei']设置图形字体为 SimHei,显示中文(否则图形显示中文时会出现乱码),plt.rcParams['axes.unicode_ minus']＝False.设置正常显示字符。

(7) 设定画布大小正确的选项是(　　　)。

　　A. plt.figure(figsize＝(20,8))　　　　　B. plt.size(figsize＝(8,5))

　　C. plt.plot(figsize＝(8,5))　　　　　　D. plt.bar(figsize＝(8,5))

【答案】　A

【难度】　中等

【解析】　plt.figure(figsize＝(width,height))用于自定义画布大小(宽和高)。

(8) 添加折线图的标题的代码是(　　　)。

　　A. plt.title("这是一张折线图")　　　　B. plt.ti("这是一张折线图")

　　C. plt.plot("这是一张折线图")　　　　D. plt.xlabel("这是一张折线图")

【答案】　A

【难度】　中等

【解析】　plt.title()函数用于设置图表标题。

(9) 绘制散点图用到的函数为(　　　)。

　　A. plt.scatter()　　　B. plt.plot()　　　C. plt.bar()　　　D. plt.barh()

【答案】　A

【难度】　中等

【解析】　略。

(10) matplotlib 绘制饼图时,counterclock 用于(　　　)。

　　A. 指定指针方向　　　　　　　　　　B. 设定饼的绘制方向

　　C. 饼的大小　　　　　　　　　　　　D. 饼的阴影

【答案】　A

【难度】　中等

【解析】　counterclock 用于指定指针方向,为布尔值,是可选参数,默认为 True,即逆时针,将值改为 False 即可改为顺时针。

(11) 显示一个整体内各部分所占的比例,往往选择的图表类型是(　　　)。

　　A. 饼图　　　　　B. 散点图　　　　　C. 热力图　　　　　D. 气泡图

【答案】 A

【难度】 中等

【解析】 饼图广泛应用在各个领域,用于表示不同分类的占比情况,通过弧度大小来对比各种分类。饼图通过将一个圆饼按照分类的占比划分成多个区块,整个圆饼代表数据的总量,每个区块(圆弧)表示该分类占总体的比例大小,所有区块(圆弧)的加和等于 100%。

(12) 添加图的图例名称用到的函数为( )。

    A. plt.legend()   B. plt.le()   C. plt.title()   D. plt.xlabel()

【答案】 A

【难度】 简单

【解析】 matplotlib 的 legend 图例就是为了展示每个数据对应的图像名称,更好地让读者认识到数据结构。

(13) matplotlib 绘制柱状图默认柱体的宽度为( )。

    A. 0.5   B. 0.8   C. 0.4   D. 0.9

【答案】 B

【难度】 简单

【解析】 略。

(14) 用 matplotlib 绘制饼图时,labels 表示的是( )。

    A. (每一块)饼图外侧显示的说明文字

    B. 角度

    C. 饼的大小

    D. 饼离开中心点的距离

【答案】 A

【难度】 简单

【解析】 略。

(15) 在柱状图上显示具体数值时,ha 参数用于控制( )。

    A. 水平对齐方式   B. 垂直对齐方式

    C. x 轴对齐方式   D. z 轴对齐方式

【答案】 A

【难度】 简单

【解析】 在柱状图上显示具体数值时,ha 参数用于控制水平对齐方式,va 参数用于控制垂直对齐方式。

(16) 语句 plt.xticks(rotation=45)中,rotation 表示的是( )。

    A. 刻度的旋转角度   B. 没有意义

    C. y 轴文字的显示角度   D. 标题的位置

【答案】 A

【难度】 简单

【解析】 略。

（17）绘制水平方向柱状图用到的函数是（　　）。

    A. plt.bar（）　　　　B. plt.barh（）　　　　C. plt.plot（）　　　　D. plt.bary（）

【答案】　B

【难度】　简单

【解析】　略。

（18）下列属于反映发展趋势的可视化图表的是（　　）。

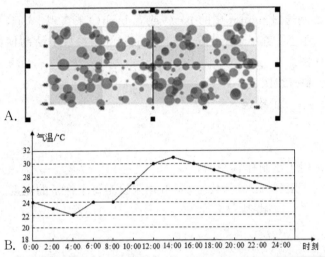

A.

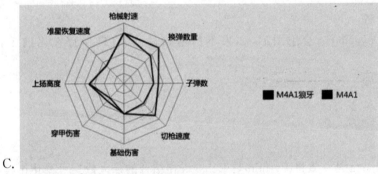

B.

C.

D.

【答案】　B

【难度】　简单

【解析】　折线图可以显示随时间（根据常用比例设置）而变化的连续数据，因此非常适用于显示在相等时间间隔下数据的趋势。

2. 判断题

（1）在 pyplot 模块中，绘制柱状图可以用 bar()或者 barh()，它们都用于绘制纵向柱状图。（   ）

  A. 正确   B. 错误

【答案】 B

【难度】 容易

【解析】 柱状图的绘制通过 pyplot 中的 bar()或者 barh()来实现。bar()默认用于绘制纵向柱状图，但可以通过设置 orientation = "horizontal" 参数来绘制横向柱状图。barh()用于绘制横向柱状图。

（2）plt.bar()用于绘制折线图。（   ）

  A. 正确   B. 错误

【答案】 B

【难度】 容易

【解析】 plt.bar()是用于绘制柱状图的。

（3）绘制柱状图时主要用到 bar()函数。width 用来设定每个柱子的宽度。（   ）

  A. 正确   B. 错误

【答案】 A

【难度】 容易

【解析】 略。

（4）利用 pyecharts 绘制图形，如果不指定路径，则直接保存在当前工作路径下。（   ）

  A. 正确   B. 错误

【答案】 A

【难度】 容易

【解析】 略。

（5）pyecharts 是一款将 Python 与 Echarts 相结合的强大数据可视化工具，可以高度灵活地配置，轻松搭配出精美的图表。（   ）

  A. 正确   B. 错误

【答案】 A

【难度】 容易

【解析】 略。

3. 简答题

（1）简述 matplotlib 绘制图形的基本流程。

① 创建画布：plt.figure()。

② 准备数据，进行绘图，为图形添加修饰。

③ 图形展示：plt.show()。

（2）根据下面展示的图形写出相应的绘图代码。

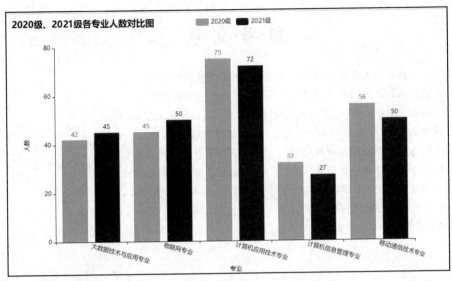

参考代码如下。

```
from pyecharts.charts import bar
from pyecharts import options as opts
bar1 = (
    bar().add_xaxis(['大数据技术与应用专业', '物联网专业', '计算机应用技术专业',
    '计算机信息管理专业', '移动通信技术专业'])
        .add_yaxis("2020级", [42, 45, 75, 32, 56])
        .add_yaxis("2021级", [45, 50, 72, 27, 50])
        .set_global_opts(
        xaxis_opts=opts.AxisOpts(axislabel_opts=opts.LabelOpts(rotate=
        -15), name="专业", name_location="center",name_gap=50),
        title_opts=opts.TitleOpts(title="2020级、2021级各专业人数对比图"),
        yaxis_opts=opts.AxisOpts(name="人数", name_location="center",
        name_gap=50)

        )
)
bar1.render('1.html')
```

参考文献

[1] 丁辉.Python 基础与大数据应用[M].北京：人民邮电出版社,2019.

[2] 吴卿.Python 编程从入门到精通[M].北京：人民邮电出版社,2020.

[3] 董付国.Python 数据分析、挖掘与可视化[M].北京：人民邮电出版社,2020.

[4] 张健,张良均.Python 编程基础[M].北京：人民邮电出版社,2018.

[5] 董付国.Python 程序设计实例教程[M].北京：机械工业出版社,2020.

[6] 张宗霞.Python 程序设计案例教程[M].北京：机械工业出版社,2021.

[7] 李鑫,刘爱江.ASP.NET 编程入门与应用[M].北京：清华大学出版社,2017.

[8] 刘保顺.ASP.NET 网络数据库[M].北京：清华大学出版社,2019.

[9] 丹尼尔·索利斯.C♯高级编程自学从入门到精通[M].北京：人民邮电出版社,2019.